人 机 交 互

〔德〕Andreas Butz　Antonio Krüger　著

陈雅茜　译

科学出版社

北京

图字：01-2018-7008

内 容 简 介

　　本书是德国人机交互专家 Andreas Butz 和 Antonio Krüger 的代表作。全书结构清晰、内容丰富、案例翔实，对人机交互领域的理论知识及相关实例进行了系统介绍。理论基础包括交互模型、交互式设计基础、系统开发过程中的人机交互、设计规则、实现支持以及评估技术等。本书还介绍了大量人机交互的典型实例，涉及普适计算、移动计算、增强现实、多传感器网络等热门技术。这些专业内容有助于拓展读者的人机交互知识，提高交互设计能力。

　　本书可作为高等院校计算机科学与技术、软件工程、网络工程、物联网工程等相关专业的教学参考书，也可供对人机交互感兴趣的其他专业的读者参考。

Copyright © 2017 by Andreas Butz, Antonio Krüger

All Rights Reserved

图书在版编目（CIP）数据

　　人机交互/（德）安德烈亚斯·布茨(Andreas Butz)，（德）安东尼奥·克鲁格（Antonio Krüger）著；陈雅茜译. —北京：科学出版社，2019.6
　　书名原文：Mensch-Maschine-Interaktion
　　ISBN 978-7-03-059105-0

　　Ⅰ. ①人…　Ⅱ. ①安… ②安… ③陈…　Ⅲ. ①人-机系统-研究
Ⅳ. ①TB18

　　中国版本图书馆 CIP 数据核字（2018）第 232471 号

责任编辑：王　哲　董素芹/责任校对：郭瑞芝

责任印制：吴兆东/封面设计：迷底书装

科 学 出 版 社 出版

北京东黄城根北街 16 号
邮政编码：100717
http://www.sciencep.com

北京厚诚则铭印刷科技有限公司印刷
科学出版社发行　各地新华书店经销

*

2019 年 6 月第　一　版　　开本：720×1000　1/16
2025 年 1 月第五次印刷　　印张：13 3/4　插页：1
字数：258 000

定价：96.00 元
（如有印装质量问题，我社负责调换）

中文版前言

人机交互是计算机领域的新兴发展方向之一，主要探索用户与系统之间的交互关系，有助于交互式系统的设计、实现和评估，是一门涉及计算机科学、工业设计、社会学、心理学的交叉性学科。用户和系统这两大基本要素对于人机交互领域同等重要：系统开发要求熟练掌握计算机图形学、操作系统、编程语言等技术；同时需要深刻理解用户需求，因此也会用到语言学、社会学、认知心理学等方面的知识。人机交互的交叉学科特性将来自不同学科背景的研究者紧密地结合起来，形成一个独特且富有吸引力的新兴研究方向。

本书的两位作者是德国人机交互方向的专家，拥有多年的交互研究经验。本书由关于人的基础知识、关于机器的基础知识、交互系统的开发、代表性交互形式等四部分组成。在系统介绍理论知识的同时，还提供了大量实例。

本书的翻译得到了原书作者的大力支持，他们不仅帮助我厘清了容易出现歧义的内容，还无私地分享了教学课件、教学视频和习题资料。在此我谨向 Butz 和 Krüger 教授表示最诚挚的谢意。同时感谢欧长坤在本书的图表编辑、部分文字校对方面所做的工作。另外，我还要感谢科学出版社王哲等编辑的热心帮助。本书的出版得到了"软件工程四川省卓越工程师教育培养计划项目"、"四川省科技计划"（2019YFH0055）的支持。

由于译者水平所限，中文版难免存在不足之处，敬请广大读者批评指正。

陈雅茜

2018 年 8 月

作 者 序

观点与概念

　　本书名为《人机交互》（**Human-Machine-Interaction**，**HMI**），是从计算机科学家的角度来阐述的，基于很多原因也可以称为 **HCI**（**Human-Computer-Interaction**）。**计算机**相关专业领域经常使用 HCI 这个名称，这样可以和传统机械制造等其他领域区分开来。作为本书的作者，我们决定使用 HMI，这是因为我们对于计算机作为文化技术的观点深受 **Mark Weiser** 关于**普适计算**定义的影响：正如电在过去一个世纪中所做的那样，计算能力和计算机技术在人们的日常生活环境中留下了许多痕迹。如今虽然大多数的设备都是电力驱动的，但它们不再只是被称为电器而已。日常生活中的大多数设备都是通过计算机技术运行的，但是两者之间的界限已不再明显，计算机和机器已经融合了。计算机科学家被要求设计出能嵌入人们日常生活环境的计算机系统，传统的**个人计算机**（Personal Computer，**PC**）不再占据主导地位。例如，本书最后一部分介绍的移动和普适系统、交互式界面以及电子书甚至汽车、飞机，如果没有计算机技术，这些都是不可想象的。本书的目标在于对计算机科学家进行训练，补充必需的基础知识，进而可以为人类所有生活领域设计尽可能合理的（计算）设备。

　　当然，采用 HMI 一词一方面是因为其在德语中比 HCI 更为顺口，另一方面则是因为本书部分内容来源于慕尼黑大学 Human-Machine- Interaction 这门课程。

　　我们所使用的**用户界面**的概念其实是从 **UI**（**User Interface**）翻译过来的，它反映了计算机技术非常专业的一面：如同打印机或大容量存储设备等所拥有的计算机界面一样，用户也有一个界面。该界面最好是特别具体的，其相关转换协议的描述也应尽可能简单。即使用户界面这一新概念也无法逃脱这个约束，因此我们在这里还是沿用已有的旧的形式。本书旨在通过对人类能力的讨论来扭转这个局面。我们关注的是在基于计算机的设备的设计中始终将人放在中心位置，并且尽可能多地利用好机器的能力和需求。我们将计算机视为解决任务、娱乐、交流或完成其他活动的工具。用户界面越好，它被感知到的概率就越小，不需要进入前台就可以执行预期活动。Weiser（1991, 1998）将该行为和写作进行了比较，写作过程中信息的传递和转换与笔的构造或油墨的成分并没有关系。写作的用户界面是完全**透明**的，从我们的感知来看就是界面消失了。

　　这样的计算机系统的设计不仅需要传统计算机技术（正确有效的计算机系统

的设计和构建以及相关编程），还需要心理学对人类感知和信息处理的基本理解、生理学和人体工学对运动机能的理解、交互设计对相关交互技术的理解。所有这些方面共同构成了本书所使用的人机交互的概念。

本书的范围与需求

本书可作为人机交互的教材，特别针对计算机专业的学生。这是从计算机科学家的角度来看的，也就是说书中会出现计算机相关内容，如数据结构或软件开发模式等，但是并未对较深入的计算机或编程知识提出要求。本书的基本结构部分来自于美国计算机协会（Association of Computing Machinery，**ACM**）对于该专业的推荐课程设置[①]。出于为学生考虑，本书内容紧凑，内容可以在一学期内讲授完。本书并未完整地收集所有需求，而是有意识地进行了选择，在保证正确性的前提下尽量使内容紧凑。对于很多知识点虽然可以从科学角度进行深入解释，但为了保持内容紧凑我们放弃了这种做法，而是给出了相应的文献资料。因此我们认为本书并不是 Preim 和 Dachselt（2010）著作的竞争者，而是作为其内容的补充及进一步探索。通过对重要内容的缩减，推荐本书不仅作为教学用书，而且可以用作课余自学用书。当了解并应用本书内容后，至少可以在设计和使用交互系统的过程中避免出现一些严重的错误。同时本书还可以作为产品或交互设计等相关学科以及心理学子学科中关于人类因素的参考资料。

本书的结构与应用

本书由四部分组成。前三部分是关于人（第一部分）、机器（第二部分）和开发过程（第三部分）的基础知识。第四部分将这些基础知识应用于某些代表性应用领域并展示出相应的特殊性。第四部分还可以作为进阶课程（人机交互进阶课题）的指南。前三部分的内容相对比较固定，第四部分深受模式更新和后续发展的影响，可能很快就会过时。

作为教学用书，每章末尾都给出了练习，目的在于对讲授的知识进行深化或者验证是否正确理解了相关知识。延伸阅读和示例是对所介绍的概念的解释和补充，或者添加一些逸闻趣事。非计算机科学家可以跳过某些章节，如心理学家可以跳过人类感知和认知的部分，交互设计师可以跳过以用户为中心的设计部分。

当读者在后续学习或将来的职业生涯中再次碰到具体问题时，即使记忆存在衰退，也还是能够通过本书紧凑的内容再次快速刷新相关知识。本书详细的结构有助于快速定位到所需内容，高显的关键概念也可以作为索引使用。

---

① http://www.sigchi.org/resources/education/cdg。

谢谢，出发吧！

在本书撰写期间除了作者和出版社还有很多人也参与其中，我们在此简短地致以谢意。Michael Rohs 为本书的构思提供了积极的思路，Albrecht Schmidt、Patrick Baudisch 和 Bernhard Preim 为我们的理念提供了积极的反馈，这些鼓励促使我们完成了本书的写作。Julie Wagner 针对内容为我们提供了实质性的反馈和补充，Sylvia Krüger 在语言方面为我们提供了校对帮助。另外，我们还收到了来自慕尼黑大学与萨尔布吕肯德国人工智能研究所的工作团队的很多宝贵建议，在此一并致谢。

第二版的补充

在本书问世后的三年间，我们从不同层面获得了反馈和校正信息：学生在本书的学习过程中发现了拼写错误，同时纠正了错误概念和逻辑错误。同事对已有的课程资料进行了补充，课程助教准备了更多的练习。我们在此表示衷心的感谢。

第四部分正如期待的那样赶上了技术发展，我们对其进行了一些补充和扩展：增加了新的一章——**普适计算**，而此前只是在移动交互一章进行了简要介绍。随着近年来的技术发展，**虚拟现实**与**增强现实**正如预期那样迅速成为业界的关注点。正因如此我们单独撰写一章作为本书其他章节的补充。

目　　录

第二部分　关于机器的基础知识

第三部分　交互系统的开发

第四部分　代表性交互形式

第一部分

关于人的基础知识

第1章 人类信息处理的基本模型

人类可以通过不同的方式对信息进行处理。认知心理学将人类看作一个信息处理系统。刺激是感知的基础及信息的来源，而刺激是通过人类的感知器官获取并整合成为一个总体印象的。认知对信息进行处理。**感知**和**认知**的机制因此成为人机交互的核心。计算机为人类完成某些特定任务提供支持和服务。它是一个多功能的工具，可以帮助人类进行认知、交流、思维等。为了使这一角色更加充实，有必要介绍交互系统基本知识中关于人类信息处理的基本模型以及相应的能力与局限。认知法将人类视为信息处理的有机体，可以进行感知、思考和动作。大多数交互系统设计的目标在于开发出简单高效的用户系统，因此对用户的任务和需求进行优化调整是非常重要的。

图 1.1 显示的人机系统模型由语境、用户、任务和工具组成。这些元素之间相互关联。用户需要工具（在本例中特指计算机系统）的帮助来完成某个任务，而任务决定了用户的目标。作为工具的计算机系统为任务的完成提供了特定的资源，而这些资源和任务需求、用户优缺点之间的拟合精度决定了任务完成的难度。工具属性的改变将导致任务的改变，从而导致完成任务的步骤也随之改变。最后，工作环境等语境信息对于任务的完成质量也是一个重要的影响因素。

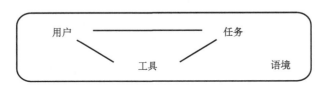

图 1.1 人机系统模型：语境、用户、任务和工具（Wandmacher, 1993）

人机交互的初衷是改善人机系统。整体系统的优化意味着任务要尽可能**有效率**（较少的努力）和**有效果**（好的结果）地完成，同时能达到最大程度的客观满意度。当我们将计算机系统作为智能工具时，对感知功能进行调整和支持的核心意义在于对人类认知功能的支持、记忆内容的可视化、计算机生成对象的感知、允许和别人的交流等。当今的计算机系统不仅仅是认知工具，很多计算机系统的目标在于生成艺术化的感官对象，这些对象能传递如视觉、听觉或触觉等多类别的信息。在这点上，不只有认知才是相关的，感官的其他方面也应考虑在内。模拟飞行或**虚拟现实 CAVE 系统**等应用就是一类很明显的例子。除了认知和感官，人类的**运动机能**属性也很重要，因此必须有活跃的机械输入。人类感官、信息处理和运动学之间有着明显的直接相关性。只有认识到人类基础的属性和局限性，并且系统能对这些属性进行最佳适配，才有可能实现一个优化的、可运行的人机系统。

人类和计算机各自都有优势和劣势。作为一个整体系统，人类和计算机的属性通常是互补的。目前人类不仅可以察觉到模糊信号，还能可靠地检测到复杂信号（如语言）或复杂配置（如空间场景）。人类可以适应意料之外或不熟悉的场景，并且记住与之相关的大部分信息，还能在接收到的大量信息中专注于本质活动。相对于人类，计算机可以快速处理算法化、条文化的问题，对明显信号进行快速可靠的检测，对大量非连续性数据进行存储以及对操作进行任意多次的重复。

1.1 人类的信息处理及动作控制

图 1.2 展示了人类信息处理与动作控制的各组成部分（Wandmacher, 1993）：**感官系统**通过**感觉器官**对**刺激**进行处理并将其短暂地存储于**感官寄存器**中。最后通过模式识别生成感官对象符号化、概念化的表现。**短期记忆**（Short Term Memory，**STM**）用于做决定或记忆搜索等受控认知过程。**长期记忆**（Long Term Memory，**LTM**）呈现的是陈述性、程序性的知识。**运动机能系统**包括如手臂−手掌−手指系统的运动、眼球和大脑的运动、语言等。

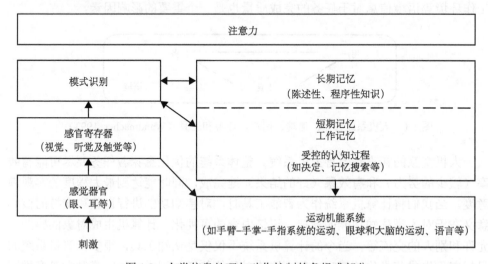

图 1.2 人类信息处理与动作控制的各组成部分

注意力构成了人类信息处理与动作控制系统的一个总体组件。它服务于受控处理范围内特定感官与运动机能的认知资源的分配。受控处理的容量是有限的。

通过动作的练习可以降低操控某个动作所必需的容量。练习产生了感觉运动机能，而这种能力在一定程度上是可以自动执行的。**感觉运动机能**在身体相对消极的计算机系统应用（如使用鼠标及操作键盘等）中扮演着更为重要的角色。这种技能是解决复杂任务的前提条件，因为受控处理容量的应用目的并不在于为用户界面所服务，而是为了解决本质任务。

1.2　人类处理器模型

早在古典时期就有对人类认知与动作控制过程的科学研究。尽管对认知过程及其方式的认识就如同人们和环境的相互影响一样持续不断地增加，我们距离自然**认知**现象的综合理解还差得很远。我们关注的是人类认知及其和信息处理之间的关联是如何有效建模的，以及这些模型的系统应用是如何通过用户界面的发展或改善等得到保障的。

1983 年 Card 等提出了**人类处理器模型**这一人类信息处理的简化模型（Card et al., 1983）。该模型最显著的地方在于对不同情形下人类信息处理所需时间进行了建模和预测。通过和计算机系统进行类比，用人类处理器的概念来描述信息的循环处理过程。该模型对不同循环所需的时间进行估算并通过累加得到人类信息处理所需时间。

Eberleh 和 Streitz（1987）描述了各个组件的概况（类比于 Card 等（1983）），如图 1.3 所示。该模型提出了三个主要的处理器：**感知处理器、认知处理器和运动机能处理器**。这些处理器可应用于 1.1 节所述的短期和长期记忆。感觉刺激（**刺激**）首先通过感觉器官到达人类，然后直接存储在感官寄存器中。感官寄存器中的信息以一种非常直接的形式加以呈现，该呈现形式取决于刺激的强度。基于长期记忆的应用，该呈现形式随即由认知处理器加以处理，然后将结果传送给处理中枢和认知处理器。考虑到工作记忆和长期记忆的内容，系统会产生相应的动作意图，对应的动作由运动机能处理器执行，随即驱动运动机能装置（**效应器**）产生相应动作。除了视觉、听觉、触觉，嗅觉和味觉也属于人类感官和运动机能系统。与之相关的有前庭感官（平衡和加速度）、真正属于触觉的本体感觉（身体意识、肌觉）、温度感知（温度）和痛觉感知。属于运动机能系统的有手臂、手掌、手指，头、脸、眼睛，颌骨、舌头，骨骼、脚、脚趾等。人机交互中有越来越多的这类感官和运动机能系统的加入，例如，游戏机通过身体运动和手势实现玩家识别。

上述模型的主要目的在于对人机交互中控制任务的处理时间和难度等级进行预测。因此该模型为感知处理器、认知处理器和运动机能处理器均指定了基本操作时长。有了这个模型，就能对简单的刺激–反应实验的执行时间进行估计。例如，我们按下一个按键，屏幕上马上出现一个相应的字符。设该字符出现的时间

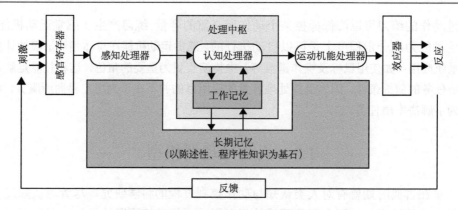

图 1.3 人类信息处理模型的示意图（Eberleh and Streitz, 1987）

点 $t=0$s。该字符接下来会通过感知处理器进行处理，设处理时长 $\tau_P=100$ms。然后认知处理器接受处理结果，设后期处理及反应的确定所需用时 $\tau_C=70$ms。设按下按键的运动机能处理器所需用时 $\tau_M=70$ms。总的反应用时 τ 为以上用时的总和，即 $\tau=\tau_P+\tau_C+\tau_M$。针对前面按键的例子，反应用时 $\tau=240$ms。每个单独的用时 τ_P、τ_C 和 τ_M 可以参考感官心理学的相关基础研究。需要注意的是，相关研究处理的只是平均值，而不同的人涉及的具体数值可能会有很大差别。

练 习

1. 图 1.2 展示了人类认知的基本组件。感觉器官如眼睛的特性可以通过佩戴眼镜得以提高。试想一下，每个单独组件的特性即效率可以如何提高？相关技术是来自您的日常生活吗？请阐述相关特性得以提高的原因及方法。

2. 请观察以下两种情景，您路过一辆卡车，在车身上看到一个电话号码，试想：①立即从您的手机中选中该号码；②记住这个号码，一会儿再在电话簿中记下来。在这两个场景中信息是如何得以感知的？您分别采用了何种策略？可以使用的帮助工具有哪些？涉及记忆中的哪一个部分？

3. 本章所介绍的人类信息处理模型（图 1.3）在电脑游戏的设计中是如何得以有意义的部署的？通过一个电脑游戏来讨论您的答案，注意刺激、反应、感知处理器和运动机能处理器的角色以及与处理中枢的基本联系。请阐述对于良好的玩家体验而言，为什么对处理器处理速度的精确预测很重要。

第 2 章 感　知

2.1　视觉与视觉感知

视觉是目前人机交互中使用最为频繁的感知类型。我们通过**眼睛**感知到屏幕上出现的文字和图形，并通过键盘或鼠标等输入设备对输入进行跟踪。为了选择性地生成图形输出，我们需要掌握很多视觉生理学的基础知识、对颜色和结构的**视觉感知**以及基于此的各种现象。

2.1.1　视觉感知的生理学

可见光是波长为 380～780nm 的一种电磁振荡。这种振荡的不同频率对应光的不同颜色（图 2.1）。各种频率和各种颜色的光叠加会产生白光。进入眼睛的光线通过光学晶状体投射到**视网膜**上，在这里有被称为**视杆细胞**和**视锥细胞**的感光性细胞，它们对可见光中的特定光谱范围较为敏感（图 2.1）。视锥细胞分为三类，对不同波长的最大敏感度各不相同（S=短波，M=中波，L=长波）。三类视锥细胞对于白光的敏感度是一样的。当不同类型的视锥细胞感受到不同强度的刺激时，我们就会看到不同的颜色。例如，当只有 L 型视锥细胞工作时，我们看到的是红色。L 型和 M 型的视锥细胞的强度几乎相同，S 型视锥细胞则不然，对应看到的是黄色的**混合色**。这就意味着黄色的频率实际位于红色和绿色之间，或者是红色、绿色光的一种混合（类似于声学感知中的音程*）。在这两种情况中，不同视锥细胞感受到的刺激强度是一样的，因此感知到的颜色也没有区别。这要归功于我们可以通过三种视锥细胞分辨红、绿、蓝三种颜色，对于人眼而言其他颜色都是可以混合的，类似于一个向量空间中的三维基本坐标的线性组合。因此红、绿、蓝三色被称为**三原色**，这三种颜色形成了三维 **RGB 颜色空间**（细节参见 Malaka 等（2009）的文献）。

视网膜主要负责亮度感知。它对亮度非常敏感，因此在背景光很暗时作用显著。虽然视网膜的敏感光谱范围与视锥细胞一样，但是它不能感知颜色。因此，在背景光很差的环境中我们能分辨出的颜色数量会变少（例如，夜晚看到的所有猫都是灰色的）。

---

*在音乐理论中，两个或更多的不同音高的组合称为和弦。而在欧洲古典音乐及受其影响的音乐风格里专门将两个音高的组合称为音程。——译者

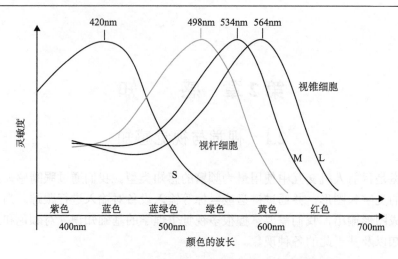

图 2.1 可见光的频谱和眼睛感应细胞的光谱灵敏度
（分为 S 型、M 型、L 型视锥细胞和视杆细胞）

虹膜是一种类似于照相机镜头的孔径，它通过控制光学晶状体的开合程度来决定通过光线的数量。没有虹膜的这种适配，眼睛能感知到的动态范围大概是 10 个照片级的孔径级别（即 $1:2^{10}$ 或 $1:1000$），如果有虹膜的适配则上升为 20 个照片级的孔径级别（即 $1:1000000$）。眼睛的亮度分辨率总计为 60 级亮度或灰度级。因此，对于对比度范围为 $1:1000$ 的显示器，在常用的每个颜色通道为 8 位（$=256$ 级）的情况下就足以实现颜色的无损显示了。人眼对具体颜色的识别能力是有限的，通常每个颜色通道最多能识别出 4 种不同的亮度级别。需要注意的是，人类的颜色视觉在红绿色之间的范围内比蓝色范围内敏感得多，这是因为眼睛中对红绿色敏感的感应细胞的数量是蓝色的 5 倍。一个可能的进化论解释是，自然界中红绿范围内的颜色出现非常频繁，尤其在寻找食物（如树丛中的水果）的过程中更为重要。艺术领域普遍认为黄色是除了红、绿、蓝三原色以外的第四种原色。对于图像显示而言，这意味着相对于从蓝到紫的范围、从红到黄再到绿的范围内的颜色能被更容易、更精确地感知到。例如，就可读性而言，浅蓝色背景上的深蓝色字体是一种最糟糕的组合（对比度低，感应细胞少）。虽然这种组合经常用于做标记，但是其内容几乎是不可读的，例如，日常生活用品包装上的营养成分表。视网膜表面的光线感应细胞的分布并不均匀。中央凹位于视网膜的中心处，这里有大量的视锥细胞，中央凹周围的视锥细胞的数量也很多，距离中央凹位置越远视锥细胞数量越少，如图 2.2（b）所示。这意味着我们的眼睛只有在中央部分才能看得很清晰并且能识别颜色，在外围部分就看不清楚而且只能识别深色/浅色。但是外围部分较为敏感，我们在此称它为外围感知。

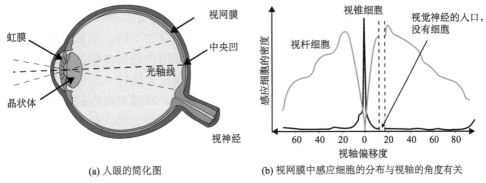

(a) 人眼的简化图　　　　　　　(b) 视网膜中感应细胞的分布与视轴的角度有关

图 2.2　人眼结构示意图

为了给所处的整体环境构建出一幅精细的画面，人类的眼球处于不断运动中。眼球在**扫视运动**中大约每隔 200ms 就会在视野范围内来回转动。例如，我们在阅读过程中不断扫描每行字并为字符和单词重构出一幅精细画面。从另一方面来看，这也意味着我们的**视觉注意力**并未均匀分配到整个视野范围内。眨眼或其他干扰可能将其引向某个固定位置，这样其他位置产生的变化我们就感觉不到了。这种现象称为**变化盲视**（change blindness），在图形广告的发布中经常可见。可以利用这种方法实现目标信息的隐藏。

2.1.2　颜色感知

图片艺术领域很早就开始了对人类**颜色感知**的研究。**Johannes Itten**（1970）在他的著作《颜色的要素》（*The Elements of Color*）一书中对这方面有非常系统的描述。本章将其关于颜色、对比度以及颜色亮度等的理论应用于屏幕输出。人类主要通过**色调、饱和度**和**明度**来分辨颜色（与此不同，计算机通过红、绿、蓝三色的比例来描述颜色）。具有相同思路的还有一种数学描述就是 **HSV 颜色空间**（Hue（色调）、Saturation（饱和度）、Value（明度），见图 2.3）。全饱和度的颜色（S 达到最大值）沿着色调轴（H）形成一个颜色彩虹或颜色环。作为电磁振荡，红色和紫色的频率比大约为 1∶2，对应于声学感知中的**八度**。这也就解释了为什么颜色频谱可以无缝地形成一个环，正如音阶中的音调在一个八度后会产生重复一样。如果取消饱和度（S）则对应颜色将和灰色相混合。当明度（V）达到最大时会出现白色，明度最小时会出现黑色。对应于彩虹中的**彩色颜色**，黑白色及其之间的灰色值都称为**非彩色颜色**。

颜色对比指的是两种（通常是空间中可见的）颜色之间明显可见的差别。以下提到的颜色对比度在含义上和图形呈现设计有关联（图 2.3）：**色别对比**展示了一种颜色与其他颜色之间的相互影响。该颜色越接近三原色中的某种颜色，则它的色别对比就越强。这些颜色特别适合于图形呈现中重要内容的显示。它具有一种信号影响力，同时具有符号影响力（如红绿交通信号灯）。**明暗对比**指的是两种亮度不同的颜色之间的差别。不同的颜色其基本亮度也不同，如黄色最亮而蓝紫色最暗，而黑白则具有最强的明暗对比。在设计应用中通常将颜色对比和明暗对比相结合，例如，使用不同基本亮度的颜色以确保在光线较少的情况下，对于黑白打印或色盲（见本节的延伸阅读）也是无差别的。**冷暖对比**指的是两种颜色给人感觉的差别。红–橙–黄范围内的颜色被视为暖色，绿、蓝、紫等颜色则为冷色。这个术语主要和人对于颜色的感觉有关（Itten, 1970），而和专业术语**色温**（色温越高的光线中属于冷色的蓝色所占比例反而越大）不太一样。颜色的冷暖能够通过字幕等形式来支持对图形呈现的理解，如暖色表示活跃或实时的对象。

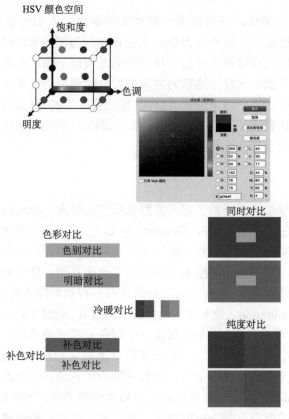

图 2.3　HSV 颜色空间中的颜色以及正文中提到的颜色对比（见彩图）

补色对比针对的是两种混合在一起能形成白色的颜色。例如，红绿及蓝橙等颜色。补色对比是两种颜色之间最强的对比，因此应谨慎使用。**同时对比**针对的是空间相邻的不同颜色，它们在颜色环中的位置相对。这意味着很浓的绿色调背景上的中性灰色会变得像红色，而红色背景上的中性灰色会变得像绿色。因此在实际应用中会遇到这样一种情况：在图形呈现中的不同位置出现的同一种颜色有可能会被识别成不同的颜色。**纯度对比**存在于饱和度不同的颜色中，如红色和粉红色。不同颜色纯度能将图形呈现的不同元素进行分类：饱和色为活跃的或前景色，饱和度低一些的为不活跃的或背景色。

Johannes Itten（1970）为颜色环或颜色球中系统的颜色协调性的几何创建提供了相应的理论。颜色的协调分配也称为图形呈现的**配色方案**。这个理论的后续延伸和实施可参见 Paletton.com[①]。另外一个流行的颜色选择的网站是 **Cynthia Brewer** 的 ColorBrewer[②]，可以将其现成的颜色尺度应用于可视化。

图形呈现的配色方案的选择需要考虑多方面因素：首先配色方案应该包含必需的颜色，而不应该包含很多不必要的颜色。色调的差异有助于区分不同的类别。亮度或饱和度的差异可用于表示连续轴上的有限数值（如重要性或实时性）。相对地，亮度或饱和度相同的颜色组群则通过着色的元素来传递其逻辑上的相似性（如低饱和度=变灰=不活跃）。非彩色和彩色颜色之间的对比起到了信号传递的作用。

延伸阅读：色弱及相应处理

红绿色弱是占比最高的一种色弱，主要表现为对红色和绿色的分辨力较差或者完全无法分辨。（根据数据来源的不同）有超过 8% 的男性以及将近 1% 的女性有红绿色弱问题。这意味着，如果显示器上的信息只显示为红、绿两色，则这种设计对于每 12 个用户而言，其中就有 1 个用户是不可用的。可惜这个简单的事实在日常生活中经常被忽视，如德国交通信号灯的颜色只有红、绿两色，而不同的交通信号是通过位置信息这一编码冗余来传递的：红色灯位于绿色灯的上方。除此之外，行人交通信号灯还通过不同含义的符号来传递交通信号。

通过评价色盲所看到的图像可以帮助图像处理程序（如 Adobe Photoshop 或一些插件）将图像转换为对红绿色盲也同样有效的形式。在上文中提到的Paletton.com 也提供对不同色弱的模拟并且可以通过预设的颜色调色板对其效果进行验证。

2.1.3　空间视觉

虽然我们的眼睛只能传递二维图像，但我们仍可通过双眼来感知周围的三维世界。**空间视觉**采用不同的标准来估算对象的深度和距离。其中一些标准将感知到的图像（**像素深度标准**）作为参考，如透视、隐藏、大小关系、纹理、光线、

---

①http://paletton.com。

②http://colorbrewer2.org。

阴影等。

　　与之相对的**生理学深度标准**将人眼生理学作为参考：**视力调节**指的是眼球（图 2.4（a））的晶状体在某个距离上的聚焦。一个健康的眼球在 2m 左右的距离时，其聚焦状态是松弛的（**视力调节的松弛态**）。通过肌肉环的紧张作用使得晶状体受挤压变形从而使焦距得以改变：离眼球近的物体就能被看清了。相反，肌肉的松弛会使晶状体变得平滑，从而使离眼球较远的物体能被看清。**视力调节**由远及近以及由近及远的持续时间短则少于 100ms，长则多于数秒（Paul，1999）。老年人的视力调节逐渐松弛，因此常常需要戴老花镜，而此时的远景则不受限地在运行。

　　随着距离改变的还有**聚散度**（图 2.4（b））。它指的是双眼为注视画面中间的物体所必须形成的夹角：当物体距离较远时，双眼平视前方。目标物体离得越近，我们的斜视程度就越大，这样双眼才能注视到该物体上。视力调节和聚散度还能帮助我们预测空间深度。在**虚拟现实眼镜**的应用中，所谓的**头戴式显示器**（见第 20 章）常常导致生理学深度信息受损：虽然观众面前呈现有处于不同距离的多个物体，但视力调节和聚散度被眼镜的光学结构所取代，因此并不会发生变化。空间视觉最重要的机制在于**立体视觉**：双眼通过略微不同的角度来观察世界，相应产生的图像也有些许不同：被观察的物体离得越近，双眼的角度差别越大，产生的图像差别也就越大。大脑通过不同的图像信息对空间结构进行重构。立体视觉是由近及远生效的。为了重建精确的深度信息，随着距离的增加，双眼产生图像的差别越来越小，直至无差别。这个功能由**像素深度标准**来提供。**运动视差**是空间视觉的一种变形：在头部的侧向运动中，较近的物体在成像中的移动程度大于较远的物体。因此，大脑可以从随时间变化的单幅画面中实现深度场景的重建。读

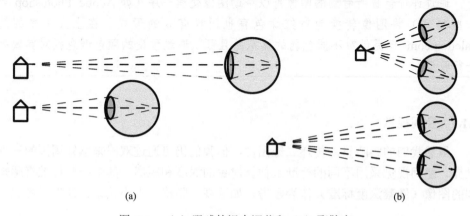

(a)　　　　　　　　　　　　　　　　　　(b)

图 2.4　（a）眼球的视力调节和（b）聚散度

者可以尝试一下，闭上一只眼睛并来回晃动头部，同时观察周围环境中的物体以及它们之间的相对位置。

2.1.4　有意识感知与下意识感知

对特定视觉信息（如简单形状、颜色或运动的识别）的处理首先发生于眼睛的神经系统而非大脑中。这种类型的感知消失的速度很快，甚至在感知根本还没有到达大脑之前就已经发生了，因此称为**下意识感知**。而需要人们投入注意力的感知类型则称为**有意识感知**。下意识感知的处理过程通常只有 200～250ms，且与呈现的刺激的数量无关。图 2.5（a）、（b）展示了相应的例子。

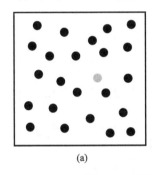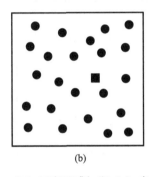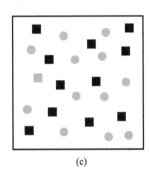

图 2.5　（a）、（b）下意识感知和（c）有意识感知的实例

图 2.5（a）中的灰色圆和图 2.5（b）中的矩形瞬间跃入眼帘。无须对图片进行顺序搜索，我们就能立刻发现与众不同的那个物体在哪里。颜色和形状是可以进行下意识感知的特征。当必须对这两种特征甚至更多特征的组合进行处理时，运用的则是有意识感知。我们在图 2.5（c）中并不能马上发现那个灰色的矩形，必须根据亮度和形状这两个特征的组合对所有物体进行顺序搜索。所需时间和呈现的物体数量成正比，虽然图像中只有 24 个物体，但还是需要花费一些时间才能发现图 2.5（c）中那个浅色的矩形。其他能够被下意识感知的特征有大小、方位、曲率、运动方向以及空间深度等。对于图形呈现设计而言，这意味着能被一种下意识感知特征所表示的物体能够在众多物体中被非常快速地感知到，但如果使用的是组合特征则被感知到的速度就会相对较慢。因此信息可以选择性地加以强调（**凸显效果**，pop-out effect）或被快速地发现。

2.1.5　格式塔定律

格式塔定律（Gestalt law）是一系列规则的集合，可以追溯到 20 世纪的格式塔心理学。格式塔定律描述的是独立个体或统一整体关于形状、布局的一系列视觉效果。图 2.6 和图 2.7 展示了相应的示例。格式塔定律在形成统一描述之前就已经无处不在，但不同的领域（如音乐、绘画、UI 设计等）对其规律有着不同形式的描述。同样，我们也只对其在人机交互领域中的应用感兴趣。

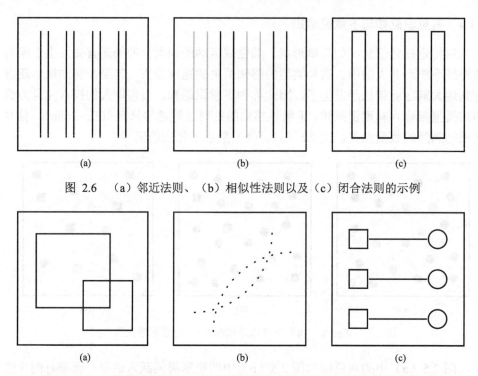

图 2.6 　（a）邻近法则、（b）相似性法则以及（c）闭合法则的示例

图 2.7 　（a）简单性法则、（b）良好连续性法则以及（c）连通性法则的示例

邻近法则指的是位置邻近的对象在感觉上会被归为一组，而位置距离较远的对象则被视为分离的。这条法则最实际的一个简单应用是图形用户界面中含有按钮或文本框等交互元素的标签栏：标签栏会自动将邻近的对象归为一组。但如果这些界面元素被压缩得过于紧凑，互相之间的距离不够，则这种映射就会变得模糊不清。

相似性法则指的是外形相似的对象在感觉上会被归为一组，而外形不同的对象则被视为分离的。表格设计中就应用了这一法则：行与行之间的颜色总是灰白交替的。通过对全部着色行的快速扫描就能感觉到同一行的内容是属于一组的。相对地，如果列与列之间的颜色是灰白交替的，则会感觉到同一列的内容是属于一组的。在这两个例子中，分组的结果不会因行间距或列间距的值（见邻近法则）而改变。

闭合法则指的是闭合形状在感觉上会被视为独立对象，其中所包含的物体也会被归为一组，而旁边非完全闭合的形状则作为替补。我们将用户界面元素用一个矩形框起来，就如同给这些元素进行了视觉镶边，此时应用的正是闭合法则。很多用户界面工具通过布局算法、线段或空间效果（凸显、下沉）等图形手段来支持这种内容分组功能。

简单性法则（或者良性形状法则）指的是人们一般会对形状做最简单的几何解释。例如，人们会自动地将图 2.7（a）视作两个重叠的矩形，而不太会轻易地将其看作两个交叠的 L 形图形中间夹着一块闭合的空白区域。这条法则提醒我们必须注意并避免产生预期之外的图形布置。

良好连续性法则指的是位于连续线段或曲线上的对象在感觉上会被视为一组。在图 2.7（b）中可以看到两组点，分别位于两条圆弧上。当图表中出现相交的线段或近似于一条理想曲线上的多个点时，就会应用到本法则。除此之外，印刷工艺中也会使用到本法则。

连通性法则指的是互相连接的形状在感觉上会被视为一组。这条法则的影响力强于邻近法则和相似性法则。因此图表中的对象和连接线能通过本法则归为一组，而与空间布局和单个对象的具体图形设计几乎无关。在图 2.7（c）中可以很清楚地看到，虽然据邻近法则和相似性法则看来矩形和圆形应属于完全不同的分组，但是我们还是会将一个矩形和一个圆形视为一组。

2.2　听觉与听觉感知

听觉是人机交互中使用第二频繁的感知类型，即便在远距离交互中也是如此。现在所有的个人计算机和移动终端都支持音频输出。除播放音乐外，音频输出通道多数时候只用于播放简单信号或警示音调。而需要频繁语音交互的语音对话系统则是个例外（见 8.1 节）。

2.2.1　听觉感知的生理学

从物理学角度来看，**声音**是气压随时间的变化。**音调**是气压基于可听基准频率的周期性变化。**噪声**则是不规律信号梯度，其通常包含很多时间性交替的频率比例。基于以下规则（图 2.8），**耳**能感觉到的声频为 20～20000Hz。

传入的声波通过**耳郭**和外**耳道**到达**鼓膜**使之产生振荡。**听小骨**（椎骨、砧骨、镫骨）将其传送至**耳蜗**：一个螺旋状的、带骨板即**骨螺旋板**的骨管。位于此处的**纤毛**可以在不同位置通过不同频率得到刺激，从而将感官刺激送入神经系统进行后续处理。传入的不同频率刺激着骨螺旋板的不同部位，从而能被立即感知到：两种不同的音调会被感知为音程，而非像眼睛感知到的混合色一样被感知为居中的混合音调。过于接近的频率互相掩盖，只会被感知为一个更强的信号。更多细节可参见文献（Malaka et al., 2009）。想要深入研究的读者可在文献（Goldstein and

Brockmole, 2016）中找到关于（不仅是声音的）感知的所有知识。

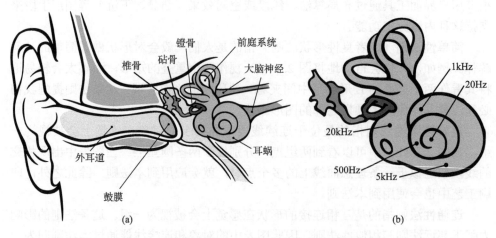

图 2.8 （a）人耳的简化图和（b）沿耳蜗方向的频率敏感度示意图

　　基于 1kHz 的基准频率，耳朵的**频率分辨率**约为 3Hz。耳朵对不同频率的敏感度是不一样的，对于 2～4kHz 频率的敏感度最高。这个频率范围对应于说话声。2kHz 频率的听阈被定义为 **0dB 音强**。更高的频率则被感知为更强的音强。直到 **120dB 痛阈值**都属于可听的音强范围，使用最多的范围（短期内不会带来听力损害的）是 0～100dB（迪斯科噪声），每隔 6dB **声压**就会加倍。耳朵的**动态范围**大约为 $1:2^{17}$。听觉在定位声源（**空间听觉**）方面是受限的。可能的情况有三种：在前两种情况中（图 2.9）我们需要用到双耳。双耳位于头部不同位置并面向不同方向，这导致从一只耳朵方向传来的声音信号在另一只耳朵听起来声音会觉得小一些，这是由于该耳朵位于头部的阴影区域（图 2.9（b））。这种音强差异称为耳间强度差（Interaural Intensity Difference, **IID**）。除此之外，当声音的声源没有位于中部、正前方、正上方或正后方时，其返回双耳的路径是不一样的。声音在空气中的传播速度大约是 300m/s，相比于离得近的耳朵，信号到达离得远一些的耳朵在时间上会有一个延迟。这种时间差异称为耳间时间差（Interaural Time Difference, **ITD**）（图 2.9（a））。由于不同频率声音的衍射特性以及较高的频率所对应的波长较长，空间听觉的 IID 和 ITD 效应对高频无效。这就解释了为什么低音扬声器（低音炮）可以放在房间内的任何位置而不会导致听觉上的差异，当然同时会导致很难分辨音源的位置。距离两耳的距离相等（即位于两耳所在圆上）的位置上感受到的 IID 和 ITD 是一样的。这就意味着 IID 和 ITD 只适用于左右有差的情形，而对于正前方、正上方、正后方和正下方的情形则是不适用的。

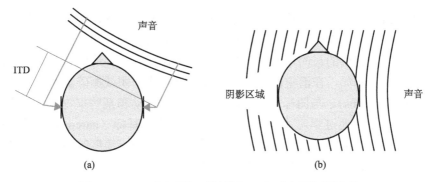

图 2.9 （a）空间耳间时间差和（b）空间耳间强度差

我们利用空间听觉的第三种情况是关于方位以及依赖于频率的声音信号通过耳朵和大脑的几何及物质特性所发生的改变。例如，从上方或后方传来的信号会被头发所遮挡，耳郭的形状为特定频率形成共振模式。这种描述声音的改变与其方向及频率关系的函数称为头相关传递函数（Head-Related Transfer Function, **HRTF**）。每个人都有特定的 HRTF，可以通过实验加以测定，也可以使用通过多人收敛校正所得到的均值 HRTF 来生成从前后上下都能分辨的立体声。这种基于 HRTF 的立体声只适用于耳机播放，同时也添加了耳机实际的 HRTF。

空间听觉的另一个重要特性是舒适度：在没有特殊情况发生时，当我们听到直升机的噪声或鸟叫时，会不由自主地认为声音是来自上方的，而其他人、车等来自地面的声源则被感知为来自周围环境。空间听觉还可以选择性地应用于用户界面，例如，为移动中的用户提供匹配方向上的声音信号（Heller and Borchers, 2011）。高频率不仅会被耳朵感知到，还会被认为是与身体其他部位的共振。例如，迪斯科舞厅里的贝斯频率。尽管耳朵并未感知到音调，但超高的频率还是会影响人们的心情。因此一些教堂的管风琴会设置在可听的频率范围内，虽然不会被有意识地听见，但是可以被身体感受到从而传达出一种超自然的感觉（Tandy, 2000）。

2.2.2 听觉感知的特殊性

声音感知通过所属的**感官寄存器**形成一个特殊的结构称为**语音回路**。它可以存储不超过 2s 的语言等声音事件并且可以重复。回路中所含的每个元素的可用时间和时长决定了回路所含元素的数量：我们可以在寄存器中更久地记住更多的短语。由此可以推导出一些感官心理学现象、证明一些实验现象，如声学相似度现象（听起来相似的词语记忆起来更为困难）和发音抑制（为了降低记忆负荷而不断重复如"哎"等无意义的词语或者整个词语（Hanley and Bakopoulou, 2003））。在日常生活中当需要记住电话号码或其他短信息时，我们会用到语音回路直至把它们写下来或完全记住。回路会被新出现的声觉刺激所干扰，例如，我们已经存储的内容会在交谈过程中退化，从而被新感知到的内容所替代。

计算机声觉输出的最简单的形式是短信号音调或噪声。这些噪声对应于现实世界中的声音，例如，在清空回收站会听到把纸揉成一团或撕碎的声音，这称为**声标**（auditory icons）。与图标一样，这些符号可以自动和某些事物联系起来。音列等抽象声音必须通过学习才能弄懂其含义，这称为**耳标**（earcons）。虽然作为优点的直接联系性被取消了，但耳标给音调高低、音列、速度等参数的调节提供了更多的空间，因此成为一种潜在有力的表达方式。

2.3　触觉与本体感觉

触觉给人们带来关于物理世界的感觉，然而在与计算机的交互中却很少用到。例如，可以传递振动或压力的电脑游戏的控制手柄、应用广泛的移动电话的振动提示、通过触觉取代视觉的计算机盲文书写等。**触觉**或**触觉感知**描述的是通过皮肤触觉细胞的触摸和机械力量而获得的感知。除了触觉感知这一常见概念外，还包括温度、痛觉等感知形式以及身体其他部位的感知细胞。皮肤的感知器官包括感知触感、机械压力、振动（机械受体）、温度（热度受体）以及痛觉（疼痛受体）等器官。除此之外，肌肉、肌腱、关节及内脏中还有机械传感器。这些传感器的密度、精度和解析度在身体上并不是均匀分布的。双手特别是指尖还有舌尖上的传感器密度是最大的，因此非常敏感，能够感受到很精密的结构。胃或者背部等其他身体部位的传感器则较少，因此分辨率较低。

到目前为止触觉输出的应用场景还比较少。移动电话上的游戏利用自带的振动元件对碰撞等游戏事件进行提示。汽车的防碰撞系统通过刹车板振动来提示防抱死系统（Antilock Brake System, ABS）的自动干预，而车道保持系统则通过驾驶座的振动来提示车辆偏离车道的位置。除此之外，触觉刺激在电脑游戏领域的应用相对较广，如基于**力反馈**（force feedback）的操纵杆以及基于振动的游戏控制器。随着交互式界面（见第 17 章）的不断涌现，在图形输出中增加触摸功能的需求不断增加，但是目前为止在技术实现上大多都失败了。

本体感觉展示的是人自身所感知到的空间位置及方位。这种自身感知通过耳朵里的**前庭系统**（图 2.8（a））以及肌肉、关节装置内的机械受体加以实现，传递给人体其肢体在空间中的相对位置的感受。本体感觉结合手势使盲人引导控制运动变为可能。除此之外，本体感觉还帮助我们处理如房间里的桌面布置或车内（见17.2.3 节）等有较近身体接触的空间。在某些使用情景中本体感觉可能会造成干扰，例如，在简单的模拟驾驶中展示经过图形校正后的环境景色，其意图在于向用户传递运动及加速度，然而用户的前庭系统处于静止状态，因此并没有加速度的感觉。这种视觉和本体感觉之间的差异可能导致恶心、眩晕等症状，这种称为模拟器病或**晕屏症**（cyber sickness）的现象会导致约 10% 的模拟实验提前终止。

2.4　嗅觉与味觉感知

嗅觉感知是在鼻子里定位并通过多个（多于 400 个）感受特定物质的特殊受体加以实现的。某种特定气味对应于一个或多个受体类型并生成对应的感知影响。和颜色感知不同，嗅觉感知无法通过少数几种基础气味的混合来产生其他种类的气味，即使每种特定的气味也是对应化学组合的分泌结果。除此之外，嗅觉是惰性的，存在衰退性，因此具有很强的适应性：即使气味一直保持着相同的强度，人们实际感受到的气味强度也总是偏弱的。

味觉感知是在口腔里定位的，和以上介绍的嗅觉感知具有相同的特性，并且和嗅觉感知是相互作用的。衰退性、基础气味的不可预估性、相互混合、个人及卫生等基本特性都会影响这种感知的使用，因此目前为止还没有成熟的基于味觉的计算机交互应用。

练　习

1. 人眼中心分辨率约为一角分（=1/60°）。这意味着，两束对向来的光线如果想要被感知为两束相互独立的光线，则相互之间的角度至少要距离一角分。画作一般要距离一定的距离来观赏，这个距离大约是画作的对角线的长度。相应的视角约为 50°。请据此推导人眼达到何种分辨率（即宽高比为 3∶2 的前提下，达到多少百万像素）后，即使有更多的细化也不会再带来质量提升。

2. 在不同文化背景下，行人交通信号灯通过不同的方式来提示行人是该等待还是通过。德国的信号灯有三重编码冗余（颜色、符号、位置），老式的美式模式使用了标语（通过、不能通过）或手形符号。在网络图片搜索引擎的帮助下，请研究至少四种不同的实现方法，并针对不同的人口组群讨论其可读性。

3. 请在日常生活中寻找装有警报灯并且能表达至少两种状态的装置（示例，蓄电池一放入充电器，就能提示蓄电池是否充满电了）。请总结至少三种不同的策略。这些设计对色盲是否也是无障碍的、可用的？

第3章 认　知

3.1　记忆的类型

正如第 1 章所描述的，人类的记忆由多个针对不同输出的子系统组成。感官寄存器包含对感知印象的物理呈现，例如，对视网膜的光线刺激或抓住某个物体的触觉等。这种短期记忆或工作记忆是对当前认知过程的记忆，而长期记忆则是对过去的记忆。

感知器官感受到的刺激存放在作为短期存储器的**感官寄存器**里。它包含原始数据，这些数据以未经解释或抽象的形式存在，是对物理刺激的模拟。不同的感知通道有各自特有的感官寄存器，如视觉寄存器、声音寄存器以及触觉寄存器等。为了将感官寄存器的内容传送至短期记忆就必须用到注意力。相关更深层次的介绍可以参看 Wandmacher（1993）的文献。

3.1.1　短期记忆与认知过程

短期记忆用于少量符号信息的短期存储，而这些信息是感知或长期记忆被激活的结果。短期记忆的内容是有用的。此外，短期记忆和图形理解、基础决策、计算等认知过程相关。认知过程由基本的认知操作组成，而认知操作可理解为识别-行为-循环（Card et al., 1983）。其中，识别指的是长期记忆里某个单元的激活，而行为则为短期记忆里的认知过程所用。以字母识别为例，在视觉寄存器中混合的感知数据激活了长期记忆中对应的字母呈现（识别），进而导致短期记忆里的符号呈现（动作）。整个过程用时为 30～100ms。

和认知过程相关的短期记忆受限于其容量。它无法支持很多个需要意识控制的认知过程的同步进行。例如，我们无法在理解性地阅读文字的同时在头脑中解决一个由多个动作组成的任务。需要意识控制的认知过程在批量执行方面的这种局限性也称为**意识困境**。

由于不需要或只需要少量短期记忆的控制处理容量，所以自动认知过程相对而言能够同步进行。它还可以和需要意识控制的认知过程同步进行。例如，识别已知单词就是一个自动认知过程。自动视觉搜索（见 2.1.4 节的有意识感知）则是另一个例子。需要意识控制的认知过程可以通过练习转变为不同程度的自动认知过程。真实的认知过程是介于全控制和全自动之间的。

短期记忆的总容量平均为 3 个（一般为 2～4 个）单位（见 Card 等（1983）的文献）。这种单位也称为**块**（chunk）。短期记忆的容量主要受到块的数量限制，因此所能包含的信息量较少。块可以作为符号、单词、概念或视觉的表述单位。假设要学习**莫尔斯密码**，首先必须记住块所对应的长短信号。经过少量练习我们学会了短-短-短信号表示块 S，而较长的信号如短-短-短、长-长-长、短-短-短则表示块 SOS。只要学过一种语言就能够理解这个过程。在分块的间隔（约 2s）内利用全部控制处理容量及注意力能将 7 个（一般为 5～9 个）字母或符号呈现于短期记忆中。目前为止还没有对短期记忆容量的实际估算。短期记忆中的块的存储时长依赖于利用率。根据 Card 等（1983）所述，单个块的在短期记忆中的存储时长大约为 70s（一般为 70～226s），而三个块的存储时长则为 7s（一般为 5～34s）。这个时长的前提是控制处理容量对于其他认知过程而言是足够的。

短期记忆的特点和用户界面的设计是相关的。意识困境意味着需要意识控制的认知过程的满载会使错误率明显升高。此时在屏幕上呈现信息的细节并不能带来太大的帮助，因为对这些细节信息的处理反而会增加对认知容量的需求。可能的解决策略是通过练习或**组块训练**（chunking）形成自动化处理。经过**组块训练**后的块可以容纳更多的信息含量。这种策略可以成功地使短期记忆的容量只受限于参考单位的数量而非复杂度。例如，在数字的表达中，3 位十六进制数 1C8 比 9 位二进制数 111001000 更容易记住。

3.1.2 长期记忆

长期记忆中存放了人们的知识、能力及经验。长期记忆的内容可以通过回想重新进入短期记忆中。长期记忆中未被激活的内容则会逐渐消失。**陈述性知识**和**程序性知识**的区别如下。

陈述性知识是事实知识，即关于事实的、可以形成关联网络的信息。认知过程利用陈述性知识从短期记忆的信息中推导出更多的信息，进而帮助人们得出结论或解决认知问题。其是在类比的获取、规则的应用以及假设的验证过程中得以实现的。陈述性知识进一步衍化为关于人们收获的经验和经历过的事件的片段式知识以及用于区分事实的语义知识。

程序性知识是实践性的行为知识。它包含心算等认知能力以及骑车、弹钢琴或**耍杂技**等运动机能能力。程序性知识是典型无意识的。很难通过语言去描述，只有通过不断练习才能掌握。需要注意的是，长期记忆只能存储人们对事实的诠释和理解，事后也可能由于新知识的出现而发生变化。长期记忆的容量实际上是不受限的。然而，问题在于人们有时并不能驾驭并适宜地组织这些知识。这使得长期记忆的内容在后期可以变为可用的短期记忆。

有两种不同的方法可将长期记忆中的知识转换为特定可用的短期记忆：**回想**

（recall）和**识别**（recognition）。在回想过程中我们必须将活跃元素从长期记忆中重构出来，例如，当被问到自己自行车的品牌时。识别所依据的是已知元素的呈现方式，例如，当被问到自行车是否是某个品牌时。基于识别的问题通常能够通过"是"或"否"来回答。当问题需要识别时，记忆元素必须能够自我生成。识别通常易于回想。现代用户界面提供的元素应该首先满足对功能的简单识别。这也是图形控制元素和呈现方式（**图标**）存在的一大原因，因为视觉元素通常比文字更容易、更快地得到识别。这两个概念的区别对于用户界面设计而言意义重大（见 13.2.2 节），充分考虑它们的利弊可以帮助我们设计出体验感更好的用户界面（Mandler, 1980）。

3.2　学　习

复杂用户界面的很多功能，如文字处理程序，需要花费用户大量时间加以熟悉。为了后续能快速有效地加以使用，用户首先必须对用户界面的功能进行**学习**。对于用户界面的开发者而言，搞清楚人类学习的原理以及所需的认知过程是非常重要的。基于这样的理解才能开发出有效支持学习过程的用户界面。原则上来讲，可以通过不同的方式来对信息进行学习。其中包括经典的正面教学，也称从书本中学习，即通过和已有模式的交互或者直接通过活动的执行来进行学习。

用户界面设计的关键在于**训练效率**（Wickens and Hollands, 1999）。当最短时间内达到最好的学习效果和最长的记忆时长、在用户界面中能简单有效地加以实施时，学习方法的训练效率就达到了最大化。通过学习方法获得的知识很大程度上决定其了在实际应用中的检索效果。这种连接效应也称为**迁移性能**（Holding, 1987）。一种新的学习方法的迁移性能如何，通常可以通过实验来加以确定（Wickens and Hollands, 1999）。将学习者分为两组，**控制组**成员不学习任何学习方法，例如，在目标任务的执行中通过不断试错直至获得成功（如文本处理程序中一段文字的格式化处理），并记录其所需时间。另一个小组即**迁移组**成员首先在一定时间内学习新技术（如文本处理的交互式练习），并记录其完成目标任务所需时间。如果迁移组一共花费的时间比控制组少，则说明技术上达到了可用的学习迁移效果。如果达到学习效果所需用时较少，则说明和旧方法相比，新方法取得了较高的训练效率。通过这种方法可以对不同的学习方法进行比较。学习方法也可能带来负的训练效率，这说明该方法阻碍了学习。在这种情况下，可能是由于迁移组取得成功的累计时间比没有学习新方法的控制组长。可以通过三个标准加以区别：**迁移性能、迁移效率和学习成本**（参见 Wickens 和 Hollands（1999）的文献）。忽略迁移组所花费的学习时间，迁移性能为

$$迁移性能 = \frac{时间_{控制组} - 时间_{迁移组}}{时间_{控制组}} \times 100\%$$

迁移效率考虑了迁移组所花费的学习时间、该组赢得的时间和其使用新方法所花费的时间之间的关系，即

$$迁移效率 = \frac{时间_{控制组} - 时间_{迁移组}}{时间_{新的学习方法}}$$

这意味着，当迁移组的总时间和控制组一样时，得到的迁移效率为 0。新的学习方法没有产生效应。只有当迁移效率大于 1 时才说明新的学习方法取得了正面效应。如果迁移效率小于 1 则说明新的学习方法带来了负面效应。当必须考虑其他因素时，小于 1 的迁移效率还是有意义的。例如，在飞行模拟训练中，迁移效率可能小于 1，但飞行模拟的学习更安全、更经济。通过引入新的学习方法后，新旧方法的学习成本之间的关系可以表述为

$$训练成本关系 = \frac{新的学习方法的训练成本}{现有的方法的训练成本}$$

这个值越小说明新的学习方法比现有的方法更加经济。将迁移效率和训练成本关系相乘可以计算出新的学习方法是否值得引入。如果这个值大于 1 说明新的学习方法值得引入，如果这个值小于 1 则说明新的学习方法不值得引入。Wickens 和 Hollands（1999）认为有八种不同的学习方法，下面讨论其中最重要的几种。

实践执行经常也被称为"做中学"（learning by doing），是每个人都有所体会一个理念。它的朴素原理在于通过练习可以掌握某项技能。一个有趣的问题是，该技能要学习多长时间才能掌握。一般来说，学习的成功和投入时间是成正比的，也就是持续学习可以逐渐改善其技能。当然一定要区分其学习目的。如果某技能执行的速度越快，那么它达到无错阶段的速度一般来讲也就越快。例如，用键盘进行输入的速度可以与写字一样快。因此一项技能即使已经达到了完美的程度，继续进行训练仍然是有意义的。

子任务的训练可以将一个复杂的活动拆分为多个可以分别进行学习的简单组成部分。关键在于这个活动能够被拆分为相应的部分。由多个音乐序列组成的钢琴曲练习就是可以拆分的。一般来讲可以将难易部分分开练习，再组合成一首完整的曲子。同步执行的复杂过程也可以进行拆分，但是必须保证同步执行的任务是相互独立的。例如，骑自行车需要保持速度的稳定、踩踏板还要同步操控把手。速度的稳定和把手是紧密相关的，因此拆分这两项活动并没有太大意义。而踩踏板则不依赖于其他两项。因此和带训练轮的车相比，使用一个三轮车和一个叶轮车进行训练明显更容易成功：利用三轮车可以独立练习踩踏板，利用叶轮车可以

训练操控和平衡能力。而带训练轮的车虽然可以同时练习操控和踩踏板，但是无法练习相关的平衡能力。

范例学习也是一种重要的方法，可以应用于很多专业，如果范例选择得好则可以带来较高的学习成功率。这也解释了为什么 Youtube 视频在学习新活动和概念方面能取得巨大成功。Duffy（2007）指出，决定学习成功的不只是范例本身，还有其应用的方式。有必要和范例进行深层次的交互，在这其中可以提出有趣的问题，或直接照着范例练习相关活动，即将范例和实际练习相结合。基于这个原因，本书的很多练习都给出了实际范例。

3.3 遗　　忘

遗忘的心理过程描述了记忆（即记起长期记忆中元素的能力）的衰退。人们遗忘的内容和很多因素相关，特别是以前学过的东西以及如何将其和已经学过的东西在记忆中进行连接。例如，记住名词（如自行车、房子、汽车、船）比记住抽象概念（如健康、快乐、将来、顺风）容易。如果人们总是将学过的东西和已经存在的记忆元素相结合，学习就会容易一些并且不会很快被遗忘。遗忘是一个过程，然而很多认知相关理论对此尚未完全理解。痕迹衰退理论和干扰理论是经常被提到的两个理论。

痕迹衰退理论是由心理学家 Ebbinghaus 提出的，其率先在记忆尝试方面证实：对于无意义的音节而言，随着时间的流逝，人们回忆起来的难度会越来越大（Ebbinghaus，1885）。痕迹衰退的基本理论认为记忆中的痕迹会衰退。虽然时间因素有一定的影响，但更重要的是记忆元素的数量及激活的时间点。越少应用到的元素被遗忘的速度也就越快（Semon，1911）。这与脑科学的研究结果一致，在神经元层面上可以检测到类似的现象。

与痕迹衰退理论相对，干扰理论指的是新学的记忆元素会对旧元素产生干扰，在某些特定条件下旧元素甚至会消失，如被遗忘。例如，搬到一个新的城市就必须记住新的街道名字。这会干扰到已经记住的以前城市的街道名字，之后要再想起来就会越来越难。有时也可能发生另一种情况，人们可能把名字相似的新街道和旧街道弄混。这种现象称为主动抑制，是交互中可能的一种错误来源（见 5.3 节）。

我们也知道遗忘依赖于情感因素。回忆会触发强烈的正面或负面情绪，这样的回忆会比和中性情绪相连接的回忆持续时间更长。虽然有些经历会随着日常生活慢慢被遗忘，但很多年后人们依然会回忆起美好的经历，例如，一个特别重要的生日聚会的许多细节。有趣的是，如果关于地点的回忆元素是通过学习记住的，那么关于它的回忆会更加完备，如 Godden 和 Baddeley（1975）所展示的，在水中进行学习的潜水员会在水中对其所学到的东西有着完备的回忆。这种情形称为**依赖于语境的回忆**，它能够提供提示并通过语境帮助人们改善记忆性能，例如，人们在考试中能回想起最初的学习环境。

3.4　注　意　力

注意力这一概念是多层次的，并且对于人机交互的许多方面都有着重要意义。它不仅和本节的人类信息抽取及处理能力有关，还和本书的其他章节（如 2.1.4 节的有意识感知）相关。本节主要讨论注意力以及它是如何在人们的日常生活中频繁出现的：注意力是指专注于某一信息的能力，与之相对的是导致分心的脆弱性。注意力和分心在用户界面中扮演着重要的角色，例如，抽取相关细节的同时还能专注于多个任务是功能性用户界面不可或缺的。良好的用户界面能够有意识或无意识地引导用户的注意力。其开发者必须理解注意力的哪些方面对用户界面设计是有意义的。

Wickens 和 Hollands（1999）将注意力分为三类：**选择性注意力、专注注意力以及共享注意力**。选择性注意力指的是人们只感知到周围环境的某些特定方面。例如，边走路边看手机就会忽略一些环境因素，这可能导致一些危险情况的发生。本书作者就遇到过类似的情况，上火车时在车厢与站台之间跌倒了，通过这种惨痛的方式学到了选择性注意力不只意味着好事也可能带来不幸。很多航空和汽车交通中因人为失败引起的事故都隐藏着这样一个事实：导致事故产生的选择性注意力在其产生前的短暂时间内感知到了错误的细节信息。

专注注意力和选择性注意力紧密相关。后者描述的是有意识地感知到人们周围环境的某些特定方面，而前者描述的则是无意识的专注过程。学习时我们面前放着书却被背后的谈话所吸引，这时专注注意力就发生了。专注注意力受到周围环境更为强烈的影响。一个图形用户界面里有很多小的和一个大的视觉元素，这会强制性地将专注注意力放在那个大的元素上。如果是在运动中，这种现象会更为显著。这时人们就发现了专注注意力的问题所在：必须小心部署才能达到有效率的交流。但如果应用过多，那么用户界面很快就会被认为是混乱的。

共享注意力描述的是人类将注意力同时分配到不同事物上的能力。这种能力有干扰性，很多任务不能得到满意的解决，有时甚至会造成灾难性的后果。例如，开车时不可能在看导航的同时查看路面情况，否则容易导致交通事故。这种能力将注意力分散了，也会导致用户界面产生次优化结果，例如，为解决一个任务而必须同时使用多个应用。共享注意力经常和人们的能力相联系，人们的认知能力会被分配到多个任务上，而不同的结果是相互关联的。开车时需要快速瞄一眼时速表然后看回到路面上以保证不会开得太快。为了不超速，这个过程必须不停地重复。3.5.2 节会基于**认知资源**进行讨论。

聚光灯是认知心理学中一个常见的隐喻*。与聚光灯类似，人们的注意力关注在特定元素上。研究表明注意力的方向和宽度（类似聚光灯）是可控的（LaBerge，1983）。尽管注意力通常特指视觉形态的注意力，但这个概念本质上与其形态无关。由于个体间感官的差异，在注意力的实际表现上也会有所不同。在听觉中也会存在明显的选择性注意及集中注意的现象，即**鸡尾酒会效应**（cocktail party effect）（Cherry，1953）（见本节的延伸阅读）。

延伸阅读：鸡尾酒会效应

即使在嘈杂的环境里，人类还是能将注意力放在某一特定声源上，这种能力称为选择性听力。其和空间听力紧密相关，使得人们能定位到空间中的某个声源。其他声源的音强会减弱从而感觉起来没有那么响。鸡尾酒会就是一个很好的例子，很多宾客互相交谈，尽管其他宾客离得很近，但交谈对象的谈话还是能被听清楚。从物理指标音强来看，感知到的其他声源的音强降低了15dB，这意味着我们感知到的交谈对象的音强是其他声源的 2～3 倍。

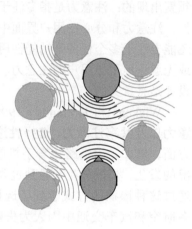

3.5　认　知　负　荷

当遇到有时间压力的困难任务时，若想同时解决更多的困难问题或者必须在情感负担下做出抉择，人们就会很快意识到认知器官的局限性。正是基于这个原因，心理学领域很早就开始注意到**认知负荷**的问题了。根据 Miller 在 20 世纪 50 年代指出的经验规律，工作记忆同一时间最多能暂存 7±2 个块（Miller，1956）。尽管这个规律现在看来已经不再合理，但人们的工作记忆有限是不争的事实。

除了普遍的**工作记忆负荷**，认知负荷尤其体现在**多次任务**中是如何被每个复杂活动所需求的。还是来看开车的例子，既要掌控方向盘和制动器，又要观

---

*聚光灯隐喻在认知心理学中用于阐述聚光灯效应，即细小的问题在不经意间被放大。——译者

察和评估路面情况。从决策的角度来看，这就要求对认知负荷进行量化评估。从人机交互角度来看，这为用户界面的评估提供了可能性，例如，用系统方法先验性地进行用户界面的开发，同时实现认知负荷最小化。接下来首先讨论**工作记忆负荷**这个一般概念，然后介绍**多次任务**，最后介绍认知负荷的一些计算方法。

3.5.1 工作记忆负荷

当刚开始新任务的学习时，工作记忆（见 3.2 节）会呈现较高的负荷。过去已经出现了很多关于这类负荷的理论，Sweller 等（1998）提出的**认知加载理论**（cognitive load theory）是其中的一个代表。其主要研究的是信息如何在学习过程中变为固化知识，即信息如何永久地从短期记忆传送到长期记忆中去。Sweller 等在其研究中发现由于没有充分考虑到工作记忆负荷，很多学习方法其实是无效的。认知加载理论的一个重要见解是在学习材料的呈现方面通过互补的方法（例如，在操作指导手册中将文本和图片相结合）可以减少工作记忆负荷，从而可以同步使用不同类型的工作记忆。如果同样的信息通过纯文本的方式加以呈现，则可能导致工作记忆超负荷进而使得学习进度变慢（Marcus et al.，1996）。除了更多方法的应用，信息之间是互相关联的。因此图形应紧邻对应的文本，否则本来对工作记忆负荷有利的这一效应就会被这两种不同类型信息的额外整合所消耗殆尽。当一本书里的图形作为参考出现在其他页面时，这种负面效应就会出现。

3.5.2 多次任务的负荷

日常生活中的很多任务经常在同一时间内和其他任务或活动混在一起。例如，一边走路（即在运动中）一边翻手机上的电话簿，开车时在注意路面情况的同时还要掌控汽车方向盘和制动器。很显然人类有能力应对这种复杂的**多次任务**。当然这仅限于某些任务的组合。例如，左右手同时在纸上写不同文字很难，对于大多数人而言是不可能完成的。多次任务在用户界面中也扮演着重要角色。与共享注意力（见 3.4 节）类似，对于多次任务，必须对有限的**资源**（特别是运动机能和记忆负荷）进行分配。需要注意的是，不同任务需要的知识是不一样的。如果处理的是固化的程序性知识（见 3.1.2 节），则会占用较少的资源（如一个自然的走路动作）。在解决复杂的计算任务时需要用到注意力，为了成功完成这一任务，就必须提高资源利用率。

资源利用效应在这些场景中可以通过**性能–资源函数**（Performance Resource Function, PRF）加以描述。该函数表示了资源利用和相应获得的任务性能的改善（即执行的成功性）之间的关系。任务在此之前学得好坏、自动化程度都影响着曲线的陡峭或平滑程度。该曲线一般存在一个点，在该点之后资源利用对于性能的提升没有影响或只有非常有限的影响。图 3.1 清晰地说明了这一点。在第 2 点之前性能增长很快，到了第 3 点就开始变缓直至停滞。虽然（在第 1 点）能达到理论上的最大值，但此时再在此任务中投入资源已经没有太大意义了。该曲线的特点在于如果必须同步执行第二个任务，则必须提供相应的资源。多个任务之间的优化资源分配通常是很困难的，可以通过启发式方法对分配进行估算。

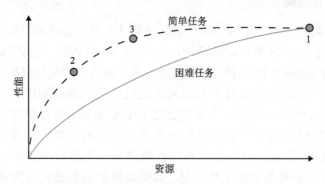

图 3.1　一个简单任务和一个困难任务的性能-资源函数，在简单任务中，性能一开始增长得很快，随后变得平缓；在困难任务中，性能在初始阶段增长明显较慢但增幅稳定（Wickens and Hollands, 1999）

3.5.3　认知负荷的计算

针对多次任务的心理学研究提出了对任务的认知负荷的计算方法，该方法允许同步执行第二个任务。其基本理念是在**主任务**之外，可以根据**次要任务**的执行性能来计算可用资源的分配情况（Ogden et al.，1979）。通过对认知负荷的计算，用户可以在处理次要任务的同时尽可能有效率地完成主任务。主任务的需求是逐步增加的，用户可以很好地处理该任务，同时期望降低次要任务的性能。这种性能描述了主任务认知负荷的增加。除了次要任务的计算，还有很多计算认知负荷的方法，如认知负荷的**自评估**。但这种评估是很主观的，只能为认知负荷提供一个粗略的依据。也可以利用 NASA 任务负荷指数（Task Load Index，**TLX**）量表（Cao et al., 2009）进行计算。

3.6　决策与决策时间

早在 150 年前认知心理学家就已经在思考一个问题：人类行为是如何受控的，相关决策是如何做出的。Merkel（1883）发现做出决策所需的时间依赖于备选项的数量。决策时间指的是对于一个外部结果做出相应反应所需的时间，例如，驾驶员对前车刹车导致刹车灯亮起而做出反应所需的时间。决策时间通常由两个部分组成：一个是常量部分，其不依赖于备选项的数量；另一个是变量部分，根据备选项的数量而改变。Merkel 在研究中发现决策时间随备选项数量呈指数增长，也就是说每增加一个备选项都会延长决策时间，因此备选项的数量应该受到限制。

Hick（1952）和 Hyman（1953）在约 100 年后才更新的信息理论（Shannon and Weaver, 1949）的支撑下研究了该现象，并发现决策时间和备选项的信息内容呈线性关系。设 N 为备选项数量，信息内容为 $\log_2 N$ 位。从信息理论的角度同样可以确定：备选项的信息含量每增加一位会导致决策时间呈常量增加。由此推导出了 **Hick-Hyman 法则**的数学公式为

$$EZ = k + z \cdot H_s = k + z \cdot \log_2 N$$

其中，EZ 表示决策时间；k 表示不依赖于备选项数量的那部分决策时间；z 表示信息含量每增加一位所带来的决策时间的增加常量；H_s 表示备选项的平均信息内容。

这种线性关系不仅在所有备选项都一样（在信息理论角度看来是不存在冗余的）的情况下有效，在备选项不同的实际情况中也同样有效。在这种情况下，H_s 较低并可以通过经验尝试证明决策时间可以通过 Hick-Hyman 法则进行预测。人们参考信息内容（即从信息理论角度考虑输入输出的备选项）对用户界面的输入输出的可能性进行分析，可以应用 Hick-Hyman 法则对用户决策时间进行建模，从而对用户界面草图进行优化。

以上讨论的前提是用户对可用的备选项是预先熟悉的，否则如果用户面对的是一个很长的且不熟悉、未排序的菜单，就会花很长时间来逐一读取备选项，可能直至读到一半才发现所需选项。在这种情况下决策时间和备选项数量呈线性关系。如果把列表按字母（如同电话簿）排序，则用户可以应用间隔分配等搜索策略，此时决策时间呈指数级增加而已。

练　习

1. 思考一下如何在人机交互中使用陈述性知识和程序性知识。请列举两个例子并讨论这两种知识类型的优缺点。

2. 请设计一个小实验来测试自己的短期记忆。请在朋友和熟人中进行测试并对结果进行比较。结合 3.1.1 节关于短期记忆的内容对自己的理解进行讨论。

3. 假设您负责设计一个包含 50 个备选项的用户界面，您正在考虑是将这 50 个按钮同时呈现（平铺结构），还是将它们分成 5 个菜单共 10 组（很深的菜单结构），或者 5 个菜单、每个菜单下面分别设 5 个子菜单，这样每次可见两个备选项

（较深的菜单结构）。3.6 节介绍的 Hick-Hyman 法则是否能帮助您从以上这些设计方案中做出选择？什么因素会引起您的注意？请陈述这个法则在菜单结构设计中应用到的主要原则。还有哪些其他因素对执行时间有影响？

4. 请选择一个较难的任务和一个较简单的任务，为其画出 3.5.2 节介绍的性能-资源函数。请解释每条曲线的走势并指出所画曲线中第 2 点、第 3 点（见图 3.1）出现的位置。

第 4 章 运 动 机 能

在介绍了人类感知和信息处理的相关知识后，本章将关注对于交互系统的操控来讲最为重要的方面——人类的**运动机能**。运动机能包含人类所有通过肌肉得以实现的运动。为了和计算机进行交互，人们要使用手指、手掌和手臂的肌肉，通过触摸实现**触摸屏**上的输入或者通过鼠标、跟踪球或键盘等**输入设备**进行输入。在其他一些场景中还要使用到身体其他部位的肌肉，例如，在 **CAVE** 等虚拟现实（Virtual Reality, **VR**）场景中运动或像新式游戏手柄一样通过**手势交互**来实现应用程序或游戏的控制。本章主要讨论基于单手或双手交互的运动机能。

身体的运动机能通常由以下控制循环所操控：感官通道（如视觉或本体感觉，见第 2 章）负责检测实际执行的运动，从而实现精准控制。通过手眼配合，可以精确实施细微的空间动作。原则上来讲，运动机能总是在速度和精度之间进行权衡：通常某个运动执行得越快就越不精确，执行得越精确也就越慢。这种相互作用对图形用户界面的设计有很具体的影响，我们将在接下来的章节中进行讨论。同时它也受到用户的年龄、练习或健康状况等个体差别的影响。

4.1 菲 茨 定 律

我们在设计用户界面时会遇到必须要用指针选择物体的情况，例如，在交互桌面上使用一支笔，通常我们感兴趣的是如何才能尽可能快地完成这样的交互。一个有趣的关系是：如果需要选择的物体越远，那么完成交互的速度就越慢。据此便能从中推导并预测出速度。这一点对于**鼠标**、**跟踪球**、**平板电脑**或**光笔**等光标设备的使用同样有效。早在 20 世纪 50 年代美国心理学家 **Paul Fitts** 就开展了关于人类运动机能的实验研究，他从中推导出了一个定律：一个单向运动所需的时间与运动方向上的距离以及目标物体的大小有关（Fitts, 1954）。图 4.1 展示了他的实验装置。

经过了其他研究者的后续研究[①]，在人机交互领域，**菲茨定律**（Fitts' law）被广泛接受。根据这一定律催生了很多当今桌面操作系统依然在使用的光标及菜单技术（见第 15 章）。目前使用最多的是 MacKenzie（1992）提出的用于计算移动时间（Movement Time，MT）的公式，即

---

①关于公式不同形式的讨论，请参考 Drewes（2010）的文献。

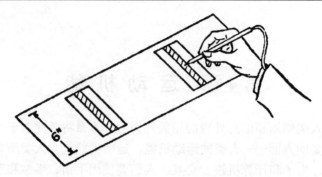

图 4.1 用于推导菲茨定律的原始测试装置（Fitts, 1954）（其目标是在不接触相邻白色面板的前提下，轮流点中图中画阴影线的接触板）

$$\mathrm{MT} = a + b \cdot \mathrm{ID} = a + b \cdot \log_2 \left(\frac{D}{W} + 1 \right)$$

其中，D 表示从起始点到目标物中心位置的距离；W 表示目标物在移动方向上的宽度。指数表达式称为**难度指数**（Index of Difficulty, ID），ID+1 用于保证 ID 只会为正值。常数 a 和 b 的值因具体情况而异。a 与个体的反应时间相关，而 b 则是一个关于指针速度的常数，与运动的缩放程度有关*。该实验是利用一支笔、一张桌面完成的，正好对应于本节开头所举的"用指针选择物体"例子。从这个公式中可以看到，点中某个目标物所需时间随初始时距离目标物的距离 D 呈指数级增长，同时随目标物的宽度呈指数级降低。值得注意的是以上所述均指移动方向。一个宽度比高度大的按钮原则上在水平方向上比垂直方向上更容易点中。本定律有效的前提是宽度不能过窄，否则应用的就该是**转向定律**（steering law）（见 4.2节）了。本定律对于用户界面的启示在于：为了使目标物能尽快地被选中，要把它设计得尽可能大。对于一个图形**按钮**或列表条目，不仅应保证标题文字对用户操作的敏感，除非与相邻按钮过近，否则按钮或条目本身范围内甚至是周边范围内都应该保证对用户操作的敏感。然而这个基本规则在网页中经常被破坏，因为在超文本标记语言（Hyper Text Markup Language, HTML）中，和周边范围相比，只实现文字对用户操作的敏感要简单得多。

因此使用**鼠标**时屏幕上最容易到达的目标物是屏幕边缘，在第 15 章中会再次讨论：当用户把鼠标指针向上移动到屏幕边缘时，鼠标指针会在垂直方向上一直停留在屏幕边缘。当把鼠标指针移动到屏幕一角时，鼠标指针会在水平、垂直两个方向上都一直停留。到达该点之后无论用户再如何移动鼠标，鼠标指针都是不动的，此时根据菲茨定律 W 达到无限大。因此，不同分辨率尺寸的屏幕可以设置

---

*例如，鼠标指针在显示屏上移动的距离可以按比例进行调节。——译者

各自偏爱的屏幕像素尺寸，本章练习中会对此进行深入讨论。

通过手或者光标设备可以较为精确地完成运动，也可以在不同阶段或不同情景中对运动进行细分，从而得到一个较为精确的预测。除此之外，光标运动的某些特定类型能根据菲茨定律加以识别，虽然原则上是可行的但达不到最佳预测效果。这一点超出了本书作为导论书籍的讨论范畴，而菲茨定律在大多数常规情况下还是可以作为光标运动的量化描述而加以应用的。有兴趣的读者推荐参看Drewes（2010）以及 Soukoreff 和 MacKenzie（2004）的文献。

4.2　转　向　定　律

菲茨定律最初的实验针对的是一维运动，尽管屏幕是一个二维交互空间，但从初始点到目标物的直接运动从本质上讲是一个一维的光标运动，可以粗略地看成一个线性运动。这时可以应用**菲茨定律**。当光标设备所跟随的路线不再是我们喜爱的路线，而是必须沿着某一特定路径并且最远不能超出某一特定距离时，适用的则是其他定律。

一个实际的例子是嵌套菜单（见 15.3 节）的选择或在**超级马里奥兄弟、守卫者**等**横向卷轴**游戏中的角色控制。同样的问题也经常出现在日常生活中，例如，引导汽车无碰撞地通过隧道或者滑雪竞赛中不允许滑雪者错过任何一个障碍物，如图 4.2 所示。类似于在不同宽度的街道上开车，相应的定律称为**转向定律**。Accot 和 Zhai（1997）为沿路径 S 移动所需时间 T 推导出如下公式：

$$T = a + b \cdot \int_S \frac{1}{W(S)} \mathrm{d}S$$

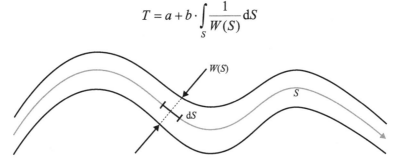

图 4.2　沿着弯曲路径 S 移动：速度和所需时间与宽度 W(S) 有关（Accot and Zhai, 1997）

以上是该定律的一般公式，时间是沿路径 S 所允许宽度的倒数的积分。与菲茨定律一样，变量 a 和 b 都取决于时间情况，其功能也一样。在实际情况中，路径经常被拆分成定长的分段。观察图 15.3 发现路径可以分为三段：第一段是从苹果标志到达第一级菜单项。这一段不需要跟随特定路径且大多数是垂直走向的，所以可以应用菲茨定律。第二段是沿着已经选中的菜单项直至到达下一级菜单。由于必须沿着已经选中的第一级菜单项移动，所以适用于转向定律。只是此时的宽度 $W(S)$ 是定值，可以看成沿着水平路线，允许宽度的倒数可以近似看成（菜单宽度/一个菜单项的高度）。接下来直至选中子菜单项遵从的都是菲茨定律。

通过以上方法可以对嵌套菜单的交互时间进行预测，按常规来讲一般不要把菜单设计得过宽但菜单项要尽可能高一些。电脑游戏中也经常应用到**转向定律**：在赛车游戏中玩家可以自定义速度，则（在不发生事故的前提下）所需时间取决于航线上的狭窄处以及玩家的游戏能力，其综合表现为常数 b。与一些**横向卷轴**游戏一样，如果速度是一定的，则所需最小宽度 $W(S)$ 取决于速度以及个人常数 b，如果不满足这个最小值则会发生碰撞。通过不断练习可以减小 b 值。

在用户界面中也会遇到不同形式的转向定律：除了前面讨论过的嵌套菜单，还可以应用于制作曲线，如图像处理中的画草图，画得越精确，耗时就越长，而且所需时间取决于允许偏差的倒数。**菲茨定律**和**转向定律**共同揭开了图形用户界面交互中一个广泛的领域，一个独立的点都可以当作输入而加以处理。双手交互则不在此讨论范围内。

4.3 双手交互

Yves Guiard（1987）通过双手执行的动作来描述双手的工作分工，并通过一个模型对这些动作加以描述。在该模型中，人类的四肢被描述为抽象的运动机能，其悬挂于参照系的某一端（如手臂悬挂于肩膀上）并通过运动对另一端进行操控。这样可以通过协调运动对更多的四肢运动进行正式描述。我们在空间中的动作并不是双手等效执行的，双手的分工通常是不对称的：非支配手（对于惯用手是右手的人而言，非支配手指的是左手）作为参照系，由支配手完成动作的执行。双臂形成一个运动机能链。Guiard 通过以下实验推导出以上规则（图 4.3）：测试人在一张约 DIN A4 大小的纸张上手写一封信。在这张纸的下面事先铺了一张复写纸和一张白纸（测试人并不知道）。在将整张信纸写满的过程中，实际用于书写的桌面面积其实很小而且书写的字体并不是垂直的。非支配手（本例中为左手）按住信纸的某个位置，这样支配手（本例中为右手）可以舒适地沿着自然运动方向（从肩膀到手肘的旋转）和一定角度进行书写。写完几行后会向上推一下信纸，这样可以保证一直使用相同的一块桌面区域。

非支配手作为（大致的）参照系而（细致的）写作运动由支配手来完成。类似的双手分工在日常生活中经常出现：缝衣服或绣花时左手按住布料而右手穿针引线；吃饭时左手用餐叉固定住肉块而右手拿餐刀切下一块肉；弹吉他或拉小提琴时，左手手指按住弦以固定音调或和弦，而右手拨动琴弦以在正确时间点产生

<table>
<tr><td align="center">(a)</td><td align="center">(b)</td></tr>
</table>

图 4.3 （a）手写信和（b）通过信纸下面的复写纸得到的叠加字迹

相应的音调；画画时左手拿着调色板，右手用画笔蘸取颜色或调色。对于与计算机的交互而言，可以通过人类的**双手交互**能力对人机交互进行最佳支撑。例如，在移动设备的使用中，一般用左手持握设备，用右手进行操作。在鼠标操作中我们已经学会用左手按键以切换到另一个交互状态，再用右手控制光标和按键。双手的不对称分工对于交互式触摸屏的用户界面尤其有趣，其主要控制的是图形或物理对象。相关界面示例及深入讨论请参见第 17 章。

练 习

1. 根据菲茨定律，屏幕像素越接近当前鼠标指针位置则可以越快地被点中。除此之外，还存在一个特殊的像素，基于其他原因该像素也可以被快速点中。严格来讲，屏幕上可以出现四种不同类型、均可快速点中的像素。具体是哪四种类型？为什么？

2. 其中三种类型在当前的桌面界面中可以通过特殊方法加以使用，这些特殊的方法是什么？什么时候会用到？

3. 利用本章介绍的定律来计算图 15.3 所示的鼠标指针运动的速度。设 $a=600ms$、$b=150ms/bit$，请估算菜单项的宽度及高度。

第5章 心理模型与错误

当与计算机、其他设备或系统交互时，我们应对其运行方式有一定的了解，对系统的输出以及系统对输入的反应进行诠释，并试图对输入及相应反应进行预测。和用户期待一致的系统会让人们感到有逻辑、流畅、使用方便。如果和人们期待的不一致，就会觉得不合逻辑，感到困惑。究其原因，可能是系统的反应客观来看是不合逻辑的，也有可能是我们的期待是基于对运行方式的错误理解。

认知科学和心理学从其他角度来研究人们如何对所在的环境及其包含的事物进行理解和处理。一个常见的假设是，人们为所在的环境建立一个**心理模型**（mental model），它可以对过程进行解释，也可以进行预测。心理模型的概念由**Kenneth Craik**（1943）提出，由**Don Norman**（1989, 2013）引入人机交互领域。心理模型的概念有助于描述和分析用户对于系统的理解，如存在哪些错误或某交互概念的外观如何。

5.1 各种模型类别

心理模型指的是只存在于人们想象当中的，对于具体对象、系统或过程的印象。举一个简单的例子，我们观察儿童游乐场，当两个体重不同的孩子坐在跷跷板两端时，跷跷板不平衡的原因是很明显的：两个座位距离跷跷板支点是等长的，但是孩子的重量却是不同的。要想平衡，要么帮助较轻的孩子把其座位往后调或者把较重的孩子向支点挪动（缩短杠杆）。这种预测通过我们对跷跷板原理的心理模型得以实现。

我们在学校的物理课上学习过质量、重力、杠杆定理，可以知道物体的转矩与质量和杠杆长度有关。如果一个孩子比另一个孩子重一倍，则力矩应该减半，这个孩子应该坐在座位和支点的中间位置。在这个例子中，我们的心理模型得到了具象化，这使得精确预测变为可能。通常我们在游乐场上应用的是不精确模型，因为一般不知道孩子的精确体重，他们在跷跷板上的位置可以简单地通过尝试加以确定。原则上来讲，最简单的心理模型只要能对观察到的行为进行完全解释，大多数都是最好的模型。例如，牛顿物理学和相对论，在中学课堂里前者已经足够解释世界了。

再举一个例子，关于开车的心理模型告诉我们往下踩油门可以提高汽车的速度。而这期间运行了哪些精确的物理过程则和油门的使用无关，强烈简化的心理模型就已足够人们驾驶汽车了。设备或系统实际运行的细节化模型称为**实现模型**。跷跷板例子中的实现模型和人们的心理模型非常接近。在汽车的例子中则很不一样，对于用户认为应该如何踩油门的心理模型而言，并不需要考虑汽车采用的是电子发动机还是内燃机、使用的是车轮还是车链以及使用的数量等实现模型的细节。完全不同的实现模型可以服务于不同的心理模型。

系统功能呈现于用户的方式称为**展示模型**。展示模型可能和实现模型不一样或者像跷跷板例子一样是其略微简化的版本。举一个例子，为了通过固定电话和另一部电话建立直接的联系，需要拨电话号码，以前这种联系是通过交换局得以物理实现的。有了如今的数字电话网，只需要数据流的逻辑形式即可。移动电话的底层技术又完全不一样了：每部电话在移动电话网中占有一个特定的单元，数据包通过网络的不同层传递到指定单元。以上三种情况的展示模型是一样的：通过拨号可以建立两部电话之间的直接联系。虽然展示模型一样，用户可以使用已有心理模型而无须学习新的模型，但对应的实现模型则是完全不同的。

当设计师在设计一个设备或系统时，其头脑中已经有一个对应的心理模型了，这个模型称为**概念模型**。最终由实现系统的开发者来完成实现模型，从技术层面上完成功能的实现。图 5.1 展示了以上各种类型模型之间的相互作用。

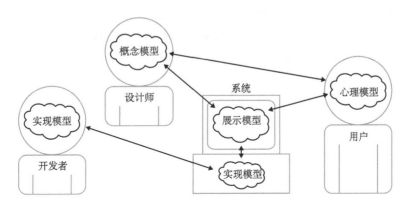

图 5.1　模型之间的相互作用

设计师头脑中的概念模型和用户头脑中的心理模型应尽可能相同，因此展示模型应尽可能对概念模型做良好的传递，而实现模型则可能和前三个模型都有所不同

5.2　模型间的相互作用

以上模型通过不同方式相互作用：设计师的概念模型反映为系统的实现模型。实现模型生成用户的心理模型。展示模型可以和实现模型一致，但通常是不一致的。开发者通过构建或编程来完成实现模型，通过此模型使系统在技术层面

上得以运行。

在实际操作中,设计师和开发者为同一个人非但不会带来任何优势,反而常常带来一些风险,例如,将实现系统和概念系统中的元素混淆,从而导致用户必须面对不必要的技术细节。

5.2.1　透明度

用户界面值得追求的特点之一便是设计师的概念模型应尽可能和用户的概念模型一致。当对实现模型和概念模型有了全面理解后,用户就能对其进行完全重构。这在用户界面中称为**透明度**。用户无须考虑和实现有关的操作步骤等实现模型的任何细节,只需关注交互和任务的原本目的。

可惜的是概念模型和心理模型的完全整合经常是不可达的,而展示模型也没有实现所有特点因而被错误地理解甚至完全不被理解。一个良好的交互概念的设计通常始于对用户已有心理模型或其能够理解的心理模型的分析。基于此,以适当方式呈现的概念模型就有很大概率能被完全正确地理解,从而达到透明度要求。一个对应的例子是用户将数据放入回收站实现的是数据的临时删除,而清空回收站才是将其永久删除。此例中的概念模型和物理世界保持一致。在第 10 章中还会详细讨论概念模型在用户界面设计过程中的作用。

另外,当不存在对应的用户心理模型时,人们对概念模型的设计有完全的自由,但是最好不要和实现模型偏离太远。概念模型的设计应该为技术层面的功能实现以及后续可能出现的与技术运行不一致的情况提供正确的解决方案。

这种不一致性的典型例子是当今个人计算机的操作系统:当两个文件夹位于同一驱动器或存储介质上时实现的是文件的移动,而当文件夹位于不同的驱动器或介质上时实现的则是文件的复制。在物理世界中虽然也有文件和文件夹,但是没有驱动器的概念。用户必须首先理解实现模型中的驱动器的概念才能对正确行为进行预测,而此时透明度就遭到了破坏。

5.2.2　灵活性

用户界面值得追求的另一个特点是**灵活性**。这意味着可以通过不同的方法达到用户界面的相同结果。**键盘快捷键**是桌面界面的一个简单示例:为了实现数据的复制,用户可以通过鼠标选中图标然后在菜单里执行"复制"和"粘贴"操作,或者利用键盘上的快捷键 Ctrl+C 和 Ctrl+V。

用户界面的灵活性使用户可以应用其熟悉的或可用的各种交互方式。在键盘快捷键一例中,计算机新手或很少使用计算机的人可能会使用菜单,这样就无须记住任何键盘快捷键而是选择一个可见的功能即可(识别而非回想,见 3.1.2 节和第 7 章)。熟练用户记得住两个键盘组合键且经常使用,每次复制操作能节约一些时间,因此使用键盘快捷键比选择菜单功能快。熟练用户以较高的记忆负荷来换取较高的交互速度。

以上两种方法在用户界面中同时存在,键盘快捷键也在菜单项里给出了,这样的用户界面还带来了**可学习性**:初学者可以始终在菜单里找到复制功能,因此无须一开始就记住该功能。当他频繁地在菜单项里看到对应的快捷键时,他就会记住这个快捷键,下一次就会使用较快的另一种方法。用户界面一旦有了灵活性,就能在同一系统里支持不同的概念(子)模型。在桌面用户界面里有**滚动条**,用户利用滚动条可以上下移动文件以查看不同章节。整个列表的长度和整个文件的长度一致,列表标记所在的长度和位置对应于文件当前可见章节的长度和位置。当用户选中列表标记并往下拖动时,当前视窗也往下移动,这样屏幕上的文件看起来像是在往上移动。与之对应的心理模型是一扇可在文件上方来回移动的视窗。另一个可能的心理模型是一扇固定的视窗,位于其下方的文件自身可来回移动。该模型经常表现为一个手形符号,用户可以利用鼠标将文件选中并移动。在这种情况下,鼠标向下移动导致屏幕上的文件也向下移动,这刚好和第一种模型相反。很多程序都同时支持这两种模型,用户可自行选择一种自己认为合乎逻辑的、可理解的或者舒适的模型。18.3 节将就这一现象连同小型移动屏幕一起讨论。

5.3 用 户 错 误

作为设计师或开发者,其目标(通常)是创建尽可能无错地为用户服务的设备或系统。为此必须首先理解用户会犯哪些类型的**错误**以及这些错误是如何出现的。针对这一点,有必要来看看用户为了达到某一特定目标是如何行动的。

5.3.1 目标导向型行为的执行

目标导向型**行为**首先始于一个想要达成的**目标**。为保证这个目标能实现,自身的经验和知识允许我们选择一个特定的行为。这个行为由一系列后续必须执行的动作或子行为构成。接着会在真实世界或系统中执行这些动作或行为,从而产生一定的反应或结果。我们利用知识和经验对这些反应进行观察与解读,从而进行评估,在评估目标的同时达成目标并且产生新的目标,如图 5.2 所示。在实际应用中,这个循环的每个阶段都可能出现问题,而这些问题会导致不同类型错误的产生。

渴望达到的目标和动作正确执行结果之间的鸿沟称为**执行鸿沟**。任何妨碍正确动作及其正确执行的可识别事物都会加大这个鸿沟。类似的还有**评估鸿沟**,它指的是系统输出与其正确解读和评估之间的鸿沟。未能完全理解、误导性错误或状态通知等都会加大这个鸿沟。良好的交互设计会尽量缩小这两种鸿沟,例如,使所有执行的、有意义的动作可视化，并随时呈现清晰无误的系统状态（见 13.2.2 节的"启发"）。

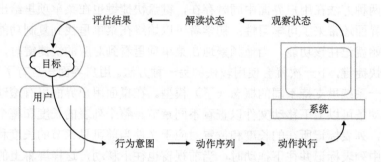

图 5.2　经 Norman 修改后的目标导向型行为的六个执行步骤（Norman, 2013）

5.3.2　基本错误类型

Don Norman（2013）和 **James Reason**（1990）将错误分成两种基本类型：**错误**（mistakes）和**失误**（slips）。错误指的是为了达成某一目标实施了错误的行为。例如，想要灭火却往火上浇了酒精等易燃液体。失误指的是策划了正确的行为但是却做了错误的执行。例如，想拿水来浇灭火但却意外地拿了装有酒精的瓶子。错误经常和错误的心理模型联系在一起。这些模型经常会导致错误的行为，或者在选择行为时未能提供任何有用的线索从而导致随机选择的出现。另外，知识或经验的缺失也是导致错误产生的原因。错误一般发生在图 5.2 所示循环的第一步或最后一步，即正确行为的选择或行为结果的评估。失误的类型繁多，通常发生在（半）自动行为流程的有缺陷的执行过程中。错误的常见类型如下（Norman, 2013）。

（1）**捕获错误**：当一个经常执行的、熟悉的行为过程被另一个较少实践但初始状态一样的过程所替代时就会产生捕获错误。例如，用户在一个很少访问的网页上进行登录操作时输入了每天都会用到的系统用户名和密码。

（2）**描述错误**：当两个行为过程非常类似或者离得很近时可能会产生描述错误。例如，与打印键相邻的按键或者拼写相似的命令行。

（3）**数据驱动错误**：产生于呼叫电话号码等数据驱动的行为过程中。例如，误拨了电话号码下方的传真号码。

（4）**关联行动错误**：出现在用户行为受正在思考的其他事情影响时。例如，拿起电话就说"请进"而非"请讲"。

（5）**失去激活错误**：发生于正处在一个动作序列的执行过程中却突然忘记了该动作的剩余部分。例如，起床去厨房拿东西，走到厨房时却忘了原本想要拿什么。

（6）**模式错误**：出现于当一个设备或系统有多种模式时。例如，在桌面环境下结束一个错误的应用或在自动挡汽车里踩下所谓的离合器踏板。

以上错误实际出现在图 5.2 所示循环的第二或第三步，即具体动作序列的规范和执行中。有些错误也可能出现在观察状态及评估结果等其他步骤中。例如，对当前模式的错误解读引起模式错误，对特定任务的观察或解读引起关联行动错误。

一些网站有目的地利用这些效应在用户期待的、本该放置信息或商品的位置植入了广告或恶意软件链接。他们期望的是用户无意中犯下捕获错误或描述错误。

5.3.3　墨菲定律

说到错误，我们也要简短地讨论一下**墨菲定律**（Murphy's law），由于它为人机交互带来了启示，所以经常被开玩笑似地提起。该定律广为人知的简化版本如下：事情如果有可能出错，那它总会发生（至少一次）。Bloch（1985）回顾了墨菲根据一次失败的火箭实验而得到该定律：该实验的目标是计算火箭发射时作用于乘客的加速度。昂贵的实验装置中安装有 16 个传感器。每个传感器都有两种安装方式（正确或错误）。实验完成后发现所有传感器的值都为零，原来是一位工程师将所有传感器都按错误方式安装了。墨菲由此得到了该定律的加长版本：当一个问题存在多种解决方法并且其中一种会导致灾难或非预期的后果时，一定会有人这么做。

该定律对人机交互有很重要的启示。

（1）**操作错误**：每个可能的操作错误都会出现一次。也就是说，人们想要确保无错的服务，就要尽可能禁止错误操作的产生。这意味着系统的每个模块中只能执行被允许的操作步骤。举一个简单的例子，自动挡车辆的引擎只有在变速箱处于驻车模式时才能启动。

（2）**输入错误**：尽可能让用户自由地输入，但这可能会产生问题，例如，特殊标志或不存在的日期输入。这对于开发者而言意味着要么程序针对这种输入的健壮性要够强，要么为了避免错误就应该限制此类输入，例如，在日历中通过日期选择来替代自由输入。

（3）**维度**：不论系统提供的维度有多大，总有用户恶意或无意地突破这个维度。

即使系统是经过正式确认的、正确的，但有些错误可能并不是由系统引起的。因此迄今为止，即使是已被证明是正确的或无错的系统，也无法在实践中预见所有的错误。而墨菲定律强调的是在人机交互中应把用户看成错误的来源，用户错误不是不可预见的灾难而是可预见的结果。

延伸阅读：攀岩错误

在某些活动中，错误会导致可怕的后果。攀岩和登山就属于这类活动。攀岩的传奇人物 Kurt Albert 于 2010 年死于一场简单的攀岩活动。死因是安全弹簧扣的绳子套索意外脱落[①]。山地运动一般会通过各种策略来预防错误带来的危险。

（1）冗余：条件允许的情况下，攀岩者一般通过两套互相独立的系统来保障安全，例如，在设定站立点时设置两个锚点、嵌入冰川时使用两个相反的弹簧扣或者在滑石地区使用两根绳索。

（2）健壮性：山地运动的很多系统和操作都支持对错误的健壮性，在计划行程时要把回程的日照条件计算在内，在阿尔卑斯地区活动总要带上露营睡袋以应对计划外的过夜。为了提高 60m 开外还能听清的概率，登山命令（Stand, Seilein, Seilaus, Nachkommen, Nachkommen）使用不同元音和音节数字[*]。并且在每次攀岩开始之前，两个攀岩伙伴要相互检查对方的安全装备。

（3）简单性：学习中传授的是简单知识，易于记忆。复杂知识虽然理论上也是有效的，但在紧急关头会被遗忘（例如，在裂缝营救中松掉滚轴）。

虽然有各种预防措施，墨菲定律依然存在：由于租借的快扣组的系统性安装错误，12 岁的意大利攀岩天才 Tito Traversa 于 2013 年夏天从 25m 高处坠落地面[②]。

练 习

1. 作者的一位熟人回复邮件用的不是他在网页上列出的工作邮箱。他的理由是办公室的计算机由于一场水灾不能用了，因此他的电子邮箱也用不了了。他只能在家用另一个邮箱来回复邮件。请通过描述或画草图来解释该用户对于整个电子邮件系统的心理模型，列出他建立起这个模型的可能原因，并将其和通常的（或者至少是你所接受的）电子邮件（基于 POP 或者 IMAP 都行）的概念模型进行比较。误导元素存在于展示模型的哪些位置？

2. 有一天另一位正在装修的熟人打来电话，水管工把浴室的水龙头装好了，但是他使用起来感觉很奇怪。这位熟人让水管工把阀门的旋转方向换成相反的方

[①]http://www.frankenjura.com/klettern/news/artikel/170。

[*]基于语言特殊性，此类登山命令仅在德语国家使用。例如，Stand 表示前登山者已经在上方竖起一颗岩钉了，此时可以解开保险绳。有兴趣的读者可以查阅相关文献。——译者

[②]http://www.bergsteigen.com/news/toedlicher-unfall-wegen-falsch-montierter-express。

向，但使用起来还是感觉很奇怪。水管工认为剩下还有两种可能的组合，他可以周一继续调试。我们对这种有两个旋钮阀门的水龙头都很熟悉，一个阀门控制冷水，另一个阀门控制热水。一般来说左边是热水而右边是冷水。要朝哪个方向旋转才能出水？两个都顺时针旋转？或者两个都逆时针旋转？或者两个都向内旋转？或者都向外旋转？不要只是看看，试着在朋友圈里做一个小的问卷调查，看看针对水龙头的心理模型都有哪些，可以借鉴其他有圆形部件的系统如散热器、燃气灶等。

3. 针对 5.2 节对某个屏幕上经常出现的日常行为进行分析，例如，在桌面环境中实现数据重命名。将每个步骤中出现的具体问题都记下来。将这些问题和命令行环境中的数据重命名过程中出现的问题进行比较。

4. 请在网上调查哪些网页对日历的时间输入有特定限制（例如，在预订航班时去程日期必须早于回程日期）。这些网页如何避免输入错误？讨论如何在编程成本和用户体验之间进行权衡。

第二部分

关于机器的基础知识

第6章 技术限制

本书的第一部分已经介绍了很多关于人类感知和信息处理的知识，第二部分主要介绍一些基本思想，如由机器负责的接口等。本章首先介绍输入输出的技术限制。

6.1 视觉呈现

6.1.1 空间分辨率

2.1 节阐述了人类眼球的基本运作原理及其用角分表示的空间分辨率。当人们注视两个点时，如果从眼睛到这两个点的两束目光之间的角大于（1/60）°，则这两个点会被感知为两个互相独立的对象（前提是视力正常、对比度足够）。在安装良好的显示器前，离屏幕的距离至少为**屏幕对角线**长度。这样就允许我们做一个简单的估计（图 6.1）：若**视距**约为屏幕宽度（比对角线略短），则屏幕水平方向上的**视角**为 $2\arctan\dfrac{1}{2}$ 或约 50°。我们最多可以分辨 60×50=3000 个点。3000 个像素的水平**屏幕分辨率**相当于人类眼睛的边界分辨率，因此安装良好的显示器一般都提供大尺寸屏幕和相对较近的视距。

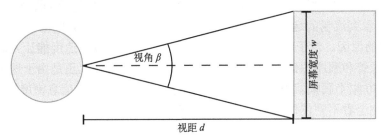

图 6.1 必要分辨率的计算：由 $\dfrac{w}{2}=d\tan\dfrac{\beta}{2}$ 知 $\beta=2\arctan\dfrac{w}{2d}$，因此 $\left(\dfrac{1}{60}\right)°$ 的分辨率需要

$60\times 2\times\arctan\dfrac{w}{2d}$ 个像素（以°为计算单位）

该计算方法也适用于印刷品：人们拿着一张 A4 纸阅读时一般都保持一定的距离，这个距离至少为纸张长边的长度，约为 30cm。根据上述关于视角的理论，沿着这 30cm 的距离分布的像素个数为 3000 个即达到了眼睛的最大分辨率。转换

为打印机的**空间分辨率**为 3000/30=100 像素每厘米或约 250 像素每英寸（dpi）[①]。印刷品常见的 300dpi 的空间分辨率在常规视距下是略微超过人眼分辨率的。

人们看老式电视（长宽比为 4∶3）的视距约为画面对角线的五倍，看新式高清晰度电视（High Definition Television，**HDTV**）的视距约为画面对角线的两倍，则 HDTV 需要的分辨率为 $60 \times 2 \times \arctan \dfrac{1}{4} \approx 1700$ 像素（普遍规定为 1920 像素），标准电视则为 $60 \times 2 \times \arctan \dfrac{1}{10} \approx 685$ 像素（实际约为 800 像素）。可以看到，常见的打印机及屏幕分辨率和视觉感知生理学紧密相关。当然，高分辨率是允许较短的视距的，只是在一般应用中不是必需的。

当我们注视手机屏幕时，屏幕长度约为 10cm，而舒适的手持距离为 50cm，对应于 $60 \times 2 \times \arctan \dfrac{5}{50} \approx 685$ 像素，约为第一代 iPhone 的分辨率。当我们注视平板电脑的屏幕时，屏幕长度约为 20cm，若此时距离相同，则对应于 $60 \times 2 \times \arctan \dfrac{10}{50} \approx 1350$ 像素，第一代 iPad 完全没有达到这个标准。**头戴式显示器**（HMD）Oculus Rift[②]提供大于 90° 的视角以及 1280 像素的水平分辨率。根据上面的计算，这样的视角需要 60×90=5400 像素，这就解释了该显示器能提供清晰像素的原因。

6.1.2　时间分辨率

根据情景和使用环境的不同，人眼的**时间分辨率**为 30～100ms。这使得播放速度为每秒 10～15 幅的连续图像仍能被感知为独立而流畅的**运动图像**。超过每秒 25 幅就能看到流畅的运动。这也是模拟影院电影的图像序列的播放速度为每秒 24～25 幅的原因。对于电视机而言，虽然每秒 25 幅图像的速度能让人们看得清晰，但显像管和顺序图像设计带来了额外的图像闪烁问题。正是由于这个原因，采用每秒 50 幅半画幅就能基本消除闪烁问题，同时又不会使信息密度升高。根据实际情况完全看不到任何闪烁的边界频率各不相同，一般约为 70Hz，新的图像技术能够提供 100Hz 的图像频率，这可以带来进一步的改善。

对于大多数人而言，电视里人物角色的嘴型动作和声音信号之间的时间延迟（口型同步）（lip-sync）为 50～100ms。

---

①此处有意简化了 dpi 和 ppi 之间的换算。

②http://www.oculusvr.com。

延伸阅读：可预见的单击动作

本书的作者之一曾经在计算机上安装过一款病毒扫描程序，计算机上几乎每天都会出现一个关于安装更新程序的对话框。为了关闭这个对话框必须要单击OK 按钮。但是对话框似乎预见到了这个动作，用户在单击之前就关闭了，因此从来都不能实现手动关闭。这太令人沮丧了！在尝试了各种方法后，作者发现系统是这样错误执行的：在桌面环境中当鼠标按键结束（即释放鼠标按键时）会由释放策略（lift-off-strategy）触发一般按钮。这就允许用户做出错误校正：当用户按下了错误按钮而此时手指还按在鼠标按键上时，用户可以将鼠标光标移开，然后在其他位置释放鼠标，这样就可以避免触发错误动作。

而以上提到的对话框在按下鼠标按键时就已经关闭了。这早于用户预期的释放按键才触发动作的机制。对话框的提前关闭向我们展示了一种负面延迟。我们不清楚是开发者不了解基本的设计惯例，还是只是想为用户节约宝贵的几毫秒。本例中的对话框应该在适当时间间隔后才自动消失。

用户界面里的延迟一般会削弱用户对**因果关系**的感知。用户完成一个输入，作为输出的反馈随即发生在 100ms 以内，这样输出就会被感知为和输入有直接联系。如果反应产生较慢但尚保持在一秒以内，则输出会被感知为输入的结果。对于超过一秒的反应则感知到的因果关系会变弱，而对于超过很多秒的、其间无"系统反馈"的反应就不能再感受到输入、输出之间的因果关系了。

时间感知背后的感知过程实际是多种多样的，尽管上述数字是经过大幅简化的，但还是能传递一种关于量级的概念。有些情形下输入、输出之间的长间隔时间是不可避免的甚至是不可预见的。例如，有些网站的新网页载入时间取决于服务器负荷以及其间的网络节点。在这些情况下必须通过某种类型的进度通知或"系统反馈"来告知用户（见 7.5 节和 7.6 节）。

6.1.3　颜色及亮度呈现

2.1 节在介绍眼球运作原理时解释了颜色感知以及三种不同类型的**视锥细胞**。这三种类型的受体通过光线受到红、绿、蓝三**原色**的刺激。人类能感知到的每种颜色都是呈现于三维 **RGB 颜色空间**中三原色的线性组合。三原色在技术上可记为**颜色通道**。人在一个颜色通道内可以感知约 60 种不同的层级（见 2.1 节）。为了表示流畅的颜色梯度，一个颜色通道对应约 6 位分辨率（**颜色深度**）。由于计算机内存最小单位为 8 位，则常见的颜色深度为 3×8=24 位，这已经超过了人眼的颜色分辨率。

显示器**对比度范围**至少为 1：1000。这意味着一个较白的像素至少要比一个较黑的像素亮 1000 倍。该对比度范围覆盖了无虹膜**适配**（见 2.1 节）的人眼对比度范围，并且可以由常见的 24 位颜色深度来驱动。可以展示更高对比度范围的特殊显示器也叫高动态范围（High Dynamic Range，**HDR**）显示器，它可以显示 200000：1~1000000：1 的对比度范围。其对应于有适配的人眼动态范围，即在这种对比度下人们始终只能看到局部（而不能看到整个屏幕的边界）。虽然 HDR 的呈现方式令人印象深刻，但具体的应用还是较少。大多数情况下 1000：1~5000：1 的对比度范围就足够了。

考虑到显示器一般安置在较暗的房间内，因此以上讨论没有考虑环境光的因素。当环境光投射到屏幕上时，对比度范围会急剧减小。例如，在太阳光下使用智能手机或数码相机就属于这种情况。我们首先来讨论一个以下的例子：当显示屏亮度为 200cd/m^2 的笔记本电脑放置在房间亮度为 200lx（以一个正常照亮的房间为例）的环境中时，屏幕表面反射 1% 的环境光，则环境光最暗的地方（黑色像素）发光为 2cd/m^2，最亮的像素发光为 202cd/m^2。对比度范围约为 100：1，此时显示屏还能保持良好的可读性。当把同一台笔记本电脑放在较亮的 100000lx 太阳光下时，环境光将最暗和最亮的地方分别减少 1000cd/m^2 和 1200cd/m^2，则可见对比度范围降低为 1.2：1，这时的屏幕已经不可读了。基于这个原因自发光的显示屏在很亮的太阳光下可读性很差，除了最大亮度外，尽量减少屏幕对环境光的反射也很重要。这正是液晶显示器相比于原本应更加舒服的磨砂显示器而言对比度更高的原因。

6.2　听 觉 呈 现

人类听力（见 2.2.1 节）具有一个约 120dB 的动态范围。每隔 6dB 信号强度翻倍。这意味着最微弱的、可感知的噪声即**听阈**和最响亮的、被感知为噪声的刺激（即**痛阈**）之间的差距为 20×2 倍。数字化信号用 20 位的分辨率就可以覆盖整个范围。实际生活中用到的只是 20~90dB 的一个很小的范围，约为 12 位。出于这一考虑，为了覆盖整个可用的声强范围，CD 形式的 16 位分辨率对于这样的信号强度来说已经足够了。对于说话声（30~70dB），8 位就足够了，数字声音传输的综合业务数字网（Integrated Services Digital Network, ISDN）标准正是如此应用的。

除了信号分辨率（**量化**），我们感兴趣的还有必要的时间分辨率（**离散化**）。它可以通过**奈奎斯特理论**进行估计：（年轻的、健康的）人耳能听到的最高频率大约为 20000Hz。为了对这一频率的信号进行无损数字化处理，需要进行双倍采样率的扫描。CD 标准采样率为 44100Hz，再结合 16 位的信号分辨率，可以覆盖人类听力的时间及动态分辨率。

另外，双耳的时间差可以应用于声音的空间定位。随时间延迟和衰减的信号也能形成空间中的声响，通过声波反射形成延迟和衰减的信号。不超过 35ms、非常短的延迟在耳朵听来还属于同一个信号，50～80ms 的延迟信号的整体性就比较松散了，超过 80ms 的延迟信号听起来就越来越像是离散的回声（Everest and Pohlmann, 2009）。这样的界限也存在于很多相同量级的事件中，例如，声音和画面之间允许的最大延迟（**口型同步**）、单幅画面到运动画面之间的过渡、对动作与反应之间的直接关联的感知等。50～100ms 的延迟可以看作这些领域内的一个临界值，可以作为处理定时问题的一般性策略。

6.3 摩 尔 定 律

通过前面章节的讨论我们可以清楚地看到：只要在技术上是可行的，输出媒体的时间和空间分辨率就会与相应的人类感官的分辨率相匹配。但是人类的感官能力只在进化的时间尺度上发生变化。这就意味着对于所有实际问题，它们都保持着相对的稳定。人类的认知能力也是如此，这类似于计算机系统的计算能力及存储容量。**Moore** 通过其著名的**摩尔定律**对此进行了如下描述：硅芯片的计算能力和存储容量大约每 18 个月就会翻倍。据文献资料和实际应用来看，这个值为 12～24 个月。所有信息来源均显示计算能力和存储容量在可预见的时空内呈现爆炸式增长。

虽然这种增长是有物理极限的，但至少在未来几年内我们依然会面对这样的增长。尤其在使用**多核处理器**的今天，大规模并行计算单元通过特殊并行算法实现对其潜力的充分利用。这意味着计算速度和存储单元（复杂算法问题除外）不再是创建交互系统的固有阻碍因素。交互系统设计阶段的另一个问题是是否具备必需的速度或容量，技术发展能帮助人们解决最起码的问题。

用户界面设计有一个持续的挑战：系统的计算能力和信息量在不断增长，但是人类用户的认知能力并未同步增长。这个问题在前面讨论过的视觉呈现方面更为突出，目前技术已经达到了人类感知的生理学极限。界面方面纯技术的大规模增长已经不太可能。而对已有界面进行改良的概念性挑战却不断增长。相关内容会在接下来的章节中加以讨论。

练 习

1. 假设您作为信息化空间的新负责人要建立一个 **CAVE**（CAVE 自动虚拟环境）系统，必须决定购买哪种显示屏和投影仪。根据人机交互的基础知识，首先要计算人眼能分辨的像素数量。设想 CAVE 是一个边长为 4m 的正六面体，而用户站中央位置。每面墙上的显示器需要多宽（多少个像素）？当直接在墙上测量时，该标准下的 5 面 CAVE 系统需要多少台显示器？普通显示标准的显示屏能满足这个量级需求吗？5 面 CAVE 系统需要多少个这种标准的显示屏？每个像素应该是多宽？

　　2. 当您下次在家观看新闻广播时，注意观察一下说话者的嘴型是否和其声音同步。如果没有，查看一下电视机的接收端或放大器的设置，调整至图像和声音同步（口型同步）。

　　3. 您想通过一个用户调查来研究智能手机上的文字在各种不同情形下的可读性，为此您让人们在同一个屏幕上阅读一段文字，一次在办公室的写字台前，一次在校园中边走边看。除了运动，还有哪些因素会对可读性产生影响？如何调整用户调查以避免这些因素？

第7章 用户界面设计的基本规则

用户界面设计有着一系列的基本规则，遵循这些规则可以得到有效的、可用的、可理解的结果。本章主要介绍其中最为重要的规则，并通过不同交互情景中的示例加以解释。

7.1 功能可见性

功能可见性（affordance）这一概念最初源自于认知心理学，用于描述使施加于某个对象上的某种特定行为成为可能的特性。**Don Norman**（1989）将这一概念引入人机交互领域，在这里功能可见性的狭义解释为我们能对日常生活中的对象所施加的特定动作。

Norman 为功能可见性所举的例子体现了其物理本质：一个圆形按钮具有的功能可见性是可以对其旋转或按压，根据其物理本质也可以对其进行拖动，但是不能使其倾斜或移动。水龙头的功能可能性很明确地示意我们应该对其进行旋转。水龙头上的把手则示意我们可以将其朝任意方向推动。图 7.1 展示了水龙头的不同使用方式，其传达的该水龙头应该如何使用的功能可见性各有优劣。

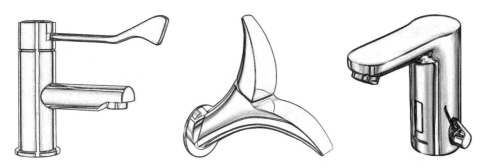

图 7.1　具有不同功能可见性的水龙头：有些水龙头的使用方法更容易理解

这一概念应用到计算机领域就意味着图形用户界面应始终保持视觉清晰，即让用户清楚哪些操作是可行的。一个简单的例子是图形用户界面里具有三维外观的**按钮**。这些按钮在屏幕上看起来很立体、很突出，这不只是为了好看而已。它传递给用户一个重要的信号，让其通过按钮回想起真实的物理世界。按钮从周围环境中凸显出来还可以示意用户它们是可以点击的。立体突出的外观将带标题的交互式按钮与非交互式的**标签**或**文本框**区分开来，后者虽然有相同的文字但是传递的是不可点击的信息。

除了物理的功能可见性，这个概念的广义解释还包含其他类型的功能可见性：**社交功能可见性**（social affordance）为人们展示的是在某个特定地点或情景（如在咖啡馆或健身房里）中产生特定社交行为的可能性，如交流或自我介绍等。当今社交媒体使得这种社交功能可见性还能提供数字化的地点信息。

7.2 约　　束

经过思考我们可以发现图 7.1 中水龙头的功能可见性并未完全展示出其使用方法。当人们在一般状态（关闭状态）下尝试往下按水龙头时会感到一种物理阻力；这就意味着不允许向下按把手。这种对交互可能性的限制称为**物理约束**。在垂直方向上只允许向上抬起把手以放出水来。连同物理约束在内，功能可见性并未能将使用方法完全无误地展示出来。例如，关于水温调节，我们并不清楚应该向左还是向右推动把手。而从小在自身文化圈中学到的经验告诉我们，左边是热水，右边是冷水。这种约束属于**文化约束**。文化约束的另一个例子是颜色（红色=停止，绿色=开始）或符号的含义。除此之外还有**逻辑约束**，例如，一首歌曲同时向前和向后播放是没有意义的，或者一束光线不能同时亮起和熄灭。

7.3 映　　射

用户界面布局的一个重要可能性是将功能元素按照物理世界中的对象进行分布。这种分布在英文里称为**映射**（mapping）。最简单的形式是直接空间映射。举一个简单的例子，图 7.2 展示了两个布局相同的煤气灶。每个灶头所对应的控制按钮的排列方式有所不同，图 7.2（a）中煤气灶的控制按钮排成一排而灶头呈长方形排列。左边两个灶头和右边两个灶头都是前后排列的，而与之对应的按钮是左右排列的。哪个按钮控制哪个灶头？为了搞清楚这个问题，用户必须把按钮上的标题读一遍，其分布是通过符号来表示的。而图 7.2（b）的炉灶则消除了多义性，后侧方的灶头对应后面的按钮，前方的灶头则对应前面的按钮。按钮不需要标题也能正常工作。这种布局满足了控制元素及其对应功能之间清晰的空间**映射**。

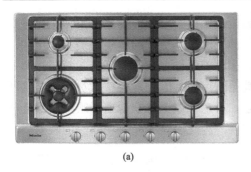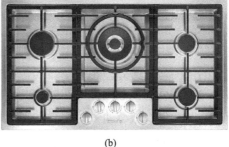

图 7.2　炉灶及其控制按钮的不同映射

空间映射的另一个例子是媒体播放的控制按键分布。这要追溯到录音机控制按键的分布（图 7.3 (a)）。在这种设备里磁带连续地从左线圈绕向右线圈。虽然不清楚为什么不是从右至左，但推测可能是和从左至右的阅读习惯有关，这也属于一种**文化约束**。右边的按键（前进）使得磁带向右运动而左键对应向左运动。两者之间是暂停键和播放键。在控制键及相应磁带运动方向之间存在着空间映射。虽然最初的物理类比物已经成为历史了，但不同年代的设备和技术（音乐磁带、DAT、MD、CD、DVD、蓝光、MP3）依然使用的是类似的分布方法。究其原因可能还是阅读方向所带来的**文化约束**。

图 7.3　空间映射：录音机在播放的过程中从左至右经过拾音头；直至今日，前进、后退及播放按钮的布置依然遵循这个运动方向

第三个例子我们来看看电梯的控制按钮。通常情况下，上方按键对应高层楼层，下方按键对应低层楼层，一个特殊标记的按键对应底楼或建筑物的入口层。这种空间**映射**有着一种难以超越的可理解性：按上方按键表示要向上走，按下方按键表示要向下走。如果按下按键后系统还能报数的话，那么这样的电梯还能服务于不识字的儿童。对于水平分布的控制按钮，大多数情况下楼层是从左至右排列的。此时人们需要对按键上的标记进行阅读和思考才能正确理解其含义。

最后，图 7.4 是作者发现的一个反面例子，它不仅展示了一个功能可见性相互矛盾的例子，同时违反了逻辑映射的所有规则。楼层既不是按行也不是按列排列的。此外，这部有问题的电梯有两扇门，但是每层却只有一扇门打开，而面板上的开关门按钮控制的又不是邻近的那扇门。该建筑里并没有第一层，因此没有第一层的按钮，而入口大厅位于第二层。最上面没有数字的楼层是员工专用的，只能使用相应的钥匙或芯片卡才能到达。在这部电梯里找不到任何的解释，但是相邻的电梯却是另外一种简单布局，究其原因可能是因为电梯技术员在安装这两部电梯时完全不关心按键分布的细节问题。有意识或无意识地违反映射规则会使用户界面变得难用从而导致更多的输入错误，因此应该尽量使用自然的**映射**。

(a)

(b)

图 7.4 （a）一个违反所有能想到的逻辑映射的电梯控制面板和（b）一扇功能可见性有问题的门

7.4　一致性和可预见性

除了功能可见性，约束和映射是保证用户界面**一致性**的重要属性。它使得人们能够预见某些特定操作元素的存在及其功能，即使在完全不同的语境中也能重新找到它们。第 14 章会讨论人们所生活的世界中的**可预见性**，这是人类的基本心理需求。

我们借助语言学对一致性的不同层级加以区分：**句法一致性**指的是事物运行始终保持结构（句法）一致。例如，功能相同的按钮始终出现在相同的位置；移动应用中或网页查找功能的回退按钮大多数出现在右上方。**语义一致性**一般指的是出现在不同语境中的特定控制元素始终保持（意义上或语义上）相同的功能。例如，回退按钮总是能精确地回到上一步操作，类似地，撤销功能也同样普遍存在。语义一致性也意味着颜色的一致应用，例如，绿色表示"是"而红色表示"否"。一个相反的例子是用鼠标将数据从一个文件夹移动到另一个文件夹。如果两个文件夹位于同一个驱动器则这个操作实现的是数据的移动，如果两个文件夹位于不同的驱动器则这个操作实现的是数据的复制。这种行为上的不一致导致人们必须从技术角度进行思考才能正确预见某个操作的效果（见第 5 章）。

术语一致性指的是相同功能始终保持相同的命名。例如，粘贴操作无论在何处都应该称为粘贴，而不是突然称为装入或引导。磁盘图标的通用含义是指保存功能，尽管技术上来讲该图标对应的磁盘早已消失，但还是应该始终保持其应用的一致性。

除此之外，我们还要对**内部一致性**和**外部一致性**加以区分。内部一致性指的是一个独立应用内部的一致性（例如，始终保持一致的回退按钮），外部一致性涉及的是不同的应用或设备。因此外部一致性包含的范围很广。操作系统或同一类型的设备通常应遵循相同的设计惯例。一个令人惊讶的例子是计算机键盘和手机上的数字键。在没有认真查看的前提下请回答：0 在哪里？1 在哪里？

图 7.5（a）展示的是电话按键，0 位于下方而 1 位于左上方。但在计算机键盘上 1 则位于数字键的左下方。这两种布局都满足相同的基本功能，计算器应用的是计算机布局，而手机（以及触摸屏）应用的则是电话布局。在这两个领域中按照惯例标准来保持内部一致性比外部一致性更为重要。

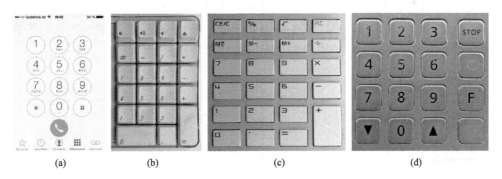

(a)　　　　　(b)　　　　　(c)　　　　　(d)

图 7.5　按键之间的不一致性：（a）智能手机，（b）台式计算机，（c）计算器和（d）ATM
上的按键

这个例子同时也展示了一致性的缺失会带来的风险：人们通常通过键盘上的图形来记住 PIN（Personal Identification Number）码或电话号码等数字组合。值为 2589 的 PIN 码在大多数 ATM（Automatic Teller Machine）的数字键上表示为从中间开始的一个大写的 L。当人们记住这个图形并且通过不断练习实现该 PIN 码的盲输时，有可能会出现以下情况：在不同键盘布局的 ATM 上会输入错误但却不知道原因。

7.5　反　　馈

设计可理解、可供使用的用户界面的一个重要前提是提供适宜的**反馈**（feedback）。当完成一个操作时，我们想看到某种形式的反馈，从而明确操作确实完成了。对于灯的开关而言，这种反馈是很简单的：灯要么是开着的，要么是关着的。当我们在屏幕上的窗口中按下一个按钮来关闭该窗口时，得到的反馈就是窗口的消失。反馈不仅是视觉的，也可以通过不同的感知通道进行传递。例如，计算机信号音调或手机按键音等声音反馈。这样的声音信号可以取代屏幕按键（无点击按钮）所缺失的触觉反馈或者帮助人们在没有仔细查看小屏幕的情况下准确无误地输入电话号码。我们可以通过汽车的 ABS 感受到触觉反馈，当制动器踏板振动时，ABS 功能会随即进行干预。当踏板和对应的伺服控制系统不再有机械关联时，这种源于技术的反馈形式也可以通过人工方式进行合成。

反馈的本质作用在于使用户明白系统或设备正在做什么，即当前所处的状态。例如，光标变成沙漏或旋转球并非意味着计算机系统崩溃了，而是目前正在执行一项操作并且这项操作还将持续一段时间（图 7.6）。这时有意义的反馈会是一个进度条，用户可以根据进度条来估计还需要等待多长时间。其他形式的反馈还包括提示信息或错误信息。基本规则是始终提供可理解且在语境中有意义的反馈，如果可能，还可以提供错误的修复提示。一条"错误-1"形式的通知对于开发者而言很简单，但却会给用户带来不好的体验。

图 7.6　图形用户界面通过不同形式的反馈向我们传递等待的信息：（a）是早期 Windows 版本中的沙漏，（b）是 Mac OS 旋转的沙滩排球，（c）是进度条

如果想让用户把反馈和相应完成的操作联系在一起，就必须遵循一定的时间限制。人们在不超过 100ms 的延迟内才能感受到直接的因果关系。较长的但仍在

1s 范围内的延迟会导致过程的明显中断，但因果关系还能被感受到。如果反馈时间超过数秒甚至更长，那么人们就感受不到操作和反馈之间的直接联系了。反馈会被单独解读，而初始的操作看起来是没有任何效果的。基本原则是做到响应时间的最小化（见 6.1.2 节）。

7.6　容错和错误避免

5.3.3 节解释了**墨菲定律**，作为交互系统或设备的开发者，应随时考虑到以下情况：用户会把每个可能会犯的**错误**都犯一次。我们可以从两个不同的方面着手，首先系统应该足够健壮，尽可能做到**容错**，即有意义地绕过用户错误而非简单的崩溃。除此之外，还要通过某种技术实现**错误避免**，同时可以减少用户沮丧度，这是我们在**容错**方面必须投入的努力。

容错首先要对所有输入进行一致的合法化检查。对于日期或信用卡信息的输入检测很简单（日期是否合法？去除空格和连接线后的数字位数是否正确？）。对于网站源码等复杂输入可以实施 HTML 代码的彻底合法性检查。要想找出错误，定位应尽可能精确，理想情况下应同时提供校正建议。当前的开发环境已经默认提供了这样的功能。语法或语义错误输入的预防构成了**逻辑约束**，它有助于**错误预防**。

用户输入的语义无错化是比较难实现的（例如，输入的服务器名是语法正确的，但却是不存在的），因此在后续的处理步骤中就必须确保相应错误能够被正确地拦截。例如，通过一个有意义的错误通知（名为 **xyz** 的服务器无响应）及随后的校正对话框来实现。程序的冻结或崩溃明显是不可接受的行为。对于开发者而言，这意味着在编程阶段就应该考虑到可能的输入错误类型以及对应的有效处理办法。

和用户操作错误有关的一个非常重要的功能是**撤销**。撤销功能指的是每个已实施的输入都可以撤回，这样用户可以自动撤回及校正每个犯下的错误。能撤回每个错误所带来的安全感可以鼓励用户进行试验。当某个输入或操作的预期结果不明时，人们可以进行尝试，如果结果未如所愿，则每次都可以撤回然后再尝试其他的。这正是强大的撤销功能存在于文字或图像处理等软件系统中的原因。

本章所涉及的原则基本上都是为**错误避免**服务的：**功能可见性**为操作元素的正确使用方法进行了编码，这样用户才不会执行错误的操作。**约束**限制了有意义的、被允许的可能操作。**映射**提高了操作元素的可理解性，使用户能立即执行正确的操作。**一致性**和有意义的**反馈**也起到了相同的作用。

7.7　界 面 动 画

自从计算能力不再是用户界面设计的限制因素以来，图形设计的修改就不再像以前一样是一步完成的了，而是可以逐步执行或通过动画来呈现。正确部署的**动画**可以为过程的理解提供强有力的支撑，并且可以预防设计的变化受到 2.1.1 节提到的**变化盲视**的干扰。

延伸阅读：缺失的动画

界面中是否提供动画效果将决定交互是否是可理解的。作者在 2001 年为一个移动博物馆信息系统设计了一个如图 7.7 所示的界面草图，里面有一条包含了多个缩略图的框，左右各有一个箭头用以提示在左右两个方向上还有更多的图片可供选择。这条框在视觉上有意识地模仿了电影胶片的外观。该草案期望用户可以通过单击箭头或用笔向左（向右）来移动这条框。由于当时的移动设备没有足够的计算能力，所以技术上并未实现以上动画的流畅呈现。

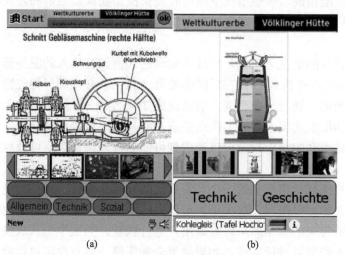

(a)　　　　　　　　　　　　(b)

图 7.7　一个移动博物馆信息系统的界面草图

由于空间不够而且箭头很小以至于其很难被选中，当时的程序员就不假思索地取消了箭头。他实现了一个新的逻辑，将当前选中的缩略图用红色边框框起来，当单击邻近图片时红色边框会突然跳到那幅图片上。边框本身总是突然移动一幅图片的距离，而这种变化会被用户理解为图片的重组而非移动。这样初始的可移动的电影胶片的类比就完全失去意义了，而图片的重组看起来又太随意，最后一次看到的图片怎么会消失了？这对于用户来说是难以理解的。

整个界面后来变成了另外的样子。关于该项目的其他有趣的信息可参见 Butz（2002）的文献。

我们再通过另一个例子来说明动画的作用：假设屏幕上显示了一个棋盘游戏，棋盘上有很多一模一样的棋子，如连珠棋、皇后跳棋、五子棋等。现在轮到计算机下子了，它移动了两个棋子。我们接受这种突然的变动，用户一眨眼的工夫就发现了一个新棋局。如果他想搞清楚对手的意图，就必须对新棋局进行新的分析并且对它是如何从先前的棋局演化而来的（希望他还能回想得起）进行重建。如果棋子的运动能得到动画呈现，那么以上这种额外的认知开销就不是问题了，因为用户能流畅地跟踪新棋局是如何从先前的棋局演化而来的。不能让用户自己去重建棋盘上的哪个位置发生了变化，而是应该充分利用动画的作用。另一个例子是现代桌面界面里窗口的缩小操作：需要最小化的窗口并不是突然就从屏幕上消失并以图标形态出现在下方的状态栏中的，相反的，窗口是在向着目标位置运动过程中逐渐缩小的。这种动画实现了视觉**连续性**，用户可以轻松地记住缩小的窗口消失于何处。界面动画通常可以对用户的理解进行有力的视觉支持，但是一旦错误使用则会带来偏移和困惑。

7.8　物理类比

关于设计可理解的用户界面，一个非常具体的理念是提供一定程度的物理行为。从孩童时代起人们就已经开始对物理世界中的环境进行学习了。当一个图形用户界面展示出人们在物理世界中所学到的行为方式时，人们不需要长时间思考就能很直观地理解这种行为方式。这时的数字世界展现出的行为和人们在日常生活中碰到的物理世界一致，此时人们离 **Mark Weiser** 的重要名言就近了一步：最深刻的技术是那些消失的技术，它们融入了日常生活的肌理直至融为一体（Weiser，1991）。

物理类比提供了一种非常有利的交流方式。对物理行为的直观理解使得它几乎和使用了**下意识感知**（已在 2.1.4 节中学习了）的图形呈现一样有效。物理类比能向我们传递某些**功能可见性**和**约束**。用户可将部分**心理模型**从物理世界转换到数字世界中去，从而允许用户对已有知识和能力进行重用。

下面我们来看一些例子：早在 20 世纪 90 年代三维效果的图形操作元素就开始使用物理类比了（图 7.8（a））。按钮和其他操作元素从环境中凸显出来，看起来和真实世界中物理按钮从周围表面凸出的效果是一样的。和物理类比物一样，这些按钮被按下时会下沉。这样人们一眼就能把交互（3D）元素和非交互（平面）元素区分开来。交互元素传递了自身的**功能可见性**。

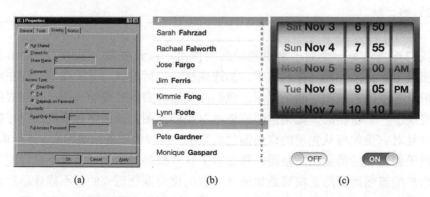

图 7.8　过去 20 年间具有物理类比的操作元素：（a）Windows 95 中的按钮，（b）有惯性、摩擦系数、弹性效果的 iOS 列表外观，（c）iOS 日期对话框和按钮

　　图 7.8（b）的操作元素很大程度上模拟了物理类比的行为：iOS 标准的列表外观允许用手指对其进行前后移动。只要手指还停留在屏幕上，列表就会精确地跟随手指移动。当手指在运动中离开屏幕时，列表也保持运动并随着缓慢降低的速度继续移动，直至自身停下来或者到达了边界。这个行为模拟了一个滑动的存储盘，其包含了所有列表条目并通过视窗实现滑动。其质量惯性用于控制移动而摩擦系数用于降低速度。通过**物理类比**可以自动判定列表的快慢移动。对于一个很长的列表，为了产生更多的动量，我们会多次滑动这个列表。当列表滑动到尽头时并不是就停在那里了，而是会稍微反弹一下。这样我们就会明白并不是设备瘫痪了，只是到了列表尽头而已。列表传递了**逻辑约束**或者**物理约束**。图 7.8（c）下方显示的 iOS 按钮传递了一种机械功能。它符合物理滑动按钮的功能逻辑和视觉外观。其外观传递了**功能可见性**（即它可以横向移动），同时也传递了**约束**（即它在同一时刻只能在两个状态中二选一）。

　　图 7.8（c）上方显示了 iOS 6 的日期时间对话框这一操作元素，它是一个完全的物理类比。虽然这个具体的元素没有直接对应的物理类比物，但是其功能还是容易理解的：通过旋转环状物可以设定相应的值，而中间透明条形物下方是当前设置的日期。这个例子中的环状物也是有惯性和摩擦系数的，在啮合时还会产生特定的值以及点击噪声。同时其**逻辑约束**还为不同的月份生成了不同的日期，这有助于**错误避免**。有趣的是位于中间的条形物并未对环状物的操作造成干扰。这一点和物理现实有所差异，但用户能感受到这种偏差是有帮助的，并不会造成干扰。

　　如果我们从技术层面对物理类比的实现进行观察，就会发现更多的偏差，例如，iOS 列表背后的物理模型描述了流畅的物理行为，并不是因为这样做在物理学上是正确的，只是因为这样的列表在外观上看起来比较精美而已。除此之外还可以借鉴动画领域的相关效果和行为方式，如 Thomas 和 Johnston（1981）所描述的动画原则。夸张的或有吸引力的效果可以确保这些步骤不仅看起来是物理可信的，更能够发展出一个良好的形象。最后这种物理类比的思想被 Jacob 等（2008）扩展为一个普遍概念：基于现实的接口（Reality-Based Interfaces，**RBI**）。除了物理性，现实世界还传递着空间的、逻辑的和社会的语境信息。

7.9　作为用户界面基础的隐喻

以上介绍的物理类比是用户界面建构和设计的一般行为方式中特别突出的例子，即使用了**隐喻**（metaphor）。隐喻作为我们对世界的思考和理解的基础，其功能很强大，在心理学家 **Lakoff** 和 **Johnson**（2003）的 *Metaphors We Live by* 一书中得到了重点介绍。隐喻在不同领域中的应用意味着可以将部分心理模型从一个领域转化到另一个领域。

一个典型的例子是当今**个人计算机**（见第 15 章）的图形用户界面中的**桌面隐喻**（desktop metaphor）。其在外观上大量模仿了秘书和办公室职员的思维世界，这样计算机可以较为容易地融入他们的工作环境。基于直接操纵的操作原则，该隐喻时至今日依然是我们对于个人计算机的认知基础。由于办公室始终需要对文件进行处理，而文件一般放在文件夹或文件中，这里谈论的是文件夹中的电子文件，而非目录中的数据。对于我们而言，以**图标**形式呈现的文件图形设计从技术层面来看和其所包含的数据是一个意思。所有操作都发生在桌面上，其他图标则代表着其他功能：打印图标代表打印功能，字纸篓图标代表删除功能。在这个办公室环境中，我们可以回想起在真正的办公室内所熟悉的元素，从而将其功能和对应图标的功能联系起来。办公室环境下的心理模型会转换到计算机系统中去，同时相关的工作能力和活动也能转换到计算机环境中去。例如，我们可以完成排序，在桌面上将互相关联的文件放在一起或者放入一个共同的文件夹。

普通图形用户界面内的特殊活动有另外更为适合的隐喻：很多图像处理程序在图像的显示和处理操作中引用了绘画隐喻（图 7.9（a））。空白的显示区域称为画布，就像画油画所用的帆布一样。工具是画笔、画刷和喷枪、橡皮擦或尺子，它们放置在工具托盘或工具盒里。颜色位于颜色托盘里。日常生活中绘图的基本活动可以得到直接转换。同样的处理方法可以应用到声音资料的处理中去：这里可以使用调音台或多声道录音机的隐喻（图 7.9（b））。这里讨论的是通道、音量和效应。这样的隐喻以及相关术语的流畅应用可以为一直使用物理设备的录音师提供一个简单的入口，他至少可以利用到其心理模型中的相关部分，在全新的计算机工作环境中遇到问题时可以立即求助于已经掌握的技术和工作方式。

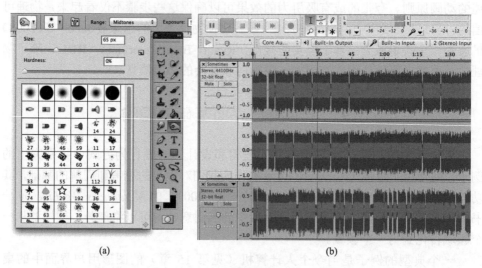

(a)　　　　　　　　　　　　　　(b)

图 7.9　（a）图像处理中的画刷、画笔、橡皮擦等隐喻，（b）音频处理中的音轨、音量和控制等隐喻

　　云计算中云的概念是另一个显著的隐喻。存在于网络某处的服务器以云的方式提供计算和存储能力，而用户是否精确理解其背后的技术机制则并不重要。使用云的隐喻并不是为了转换可信的心理模型，这里并不需要一个精确的心理模型。一般来说非常复杂的**实现模型**应该对用户屏蔽。

　　早在 20 世纪 90 年代微软（Microsoft）就为个人计算机推出了以 **Bob** 命名的图形用户界面，其使用的是另一种隐喻。这里没有使用桌面，所有物体都被放置在房间里（图 7.10），可能是为了更好地适应个人用户的各种生活场景。有很多个这样放置了不同设备的房间，用户可以自行搬动或重组。房间里还住着一个小帮手：一条名叫 **Rover** 的狗。这个 Bob 界面在 Windows 95 中被完全取消了，但是狗作为**隐喻**则一直存续到了 2007 年的 Windows XP 版本中。

　　现在人们常常混合使用不同的（物理的和数字的）界面概念，其功能可以有效地互补，因此称为**混合物**（Reiterer, 2014）。它令超越纯物理类比成为可能，例如，将图形用户界面所处的数字世界中的著名概念或我们日常社会中的社交规则融入到这样的混合交互概念中去。

(a)　　　　　　　　　　　　　　　　　　(b)

图 7.10　（a）微软（Microsoft）Bob：作为 Windows 3.1 的后继产品，其使用的隐喻并不被用户所接受，直至 Windows 95 才被保留下来，（b）具有搜索功能的狗的隐喻出现在 Windows XP 中

7.10　对象动作界面模型

基于隐喻的**对象动作界面模型**或者 **OAI**（Object-Action Interface）**模型**是一个有助于新用户界面基本设计的重要理念。它由 **Ben Shneiderman** 等在标准参考书 *Designing the User Interface* 中提出。当时的用户界面决定性地表征为其中出现的对象和动作。在桌面图形用户界面中，对象一般指的是呈现为图标的数据，动作指的是数据的移动、删除或编辑等用户动作。对象和动作之间的本质差别表达了我们对于所处世界的思考和理解，反映在语言里就如同名词和动词的差别，这种情况在很多用户界面概念中都能找到。在设计一个操作概念时，我们要么从想要操控的对象着手，要么从想要执行的动作着手。例如，在桌面图形用户界面里，首先用鼠标选中一个图标，将其移动到回收站里加以删除。这种操作方式符合 **OAI 模型**。相反地，在命令行界面里首先输入的是动作（命令），然后才是对象：rm filename.txt。在图像处理程序中，在操作图像之前首先对工具（画刷、剪刀）进行选择。这种方法符合**动作对象界面模型**或 **AOI**（Action-Object Interface）**模型**。虽然这种基本理念相对比较陈旧了，但对于设计清晰流畅的**概念模型**还是有帮助的。

在 Shneiderman 的扩展理念里对对象和动作都进行了层次结构的定义。对象由可分别操作的子对象构成。动作由其子步骤组成，可以细分为更加复杂的过程。举一个来自日常生活的例子，煮咖啡的过程由以下步骤组成：装填机器、打开开关、等待、取走装有咖啡的壶。装填机器又由装填滤纸和咖啡粉、注入水等步骤组成。为了注入水，需要打开机器的盖子并将水注入对应的开口。我们在这里学到了一组动作的层次结构，这个结构可以用一棵树来加以描述。而咖啡机也由水箱、盖子等一组对象的层次结构组成。

我们来看另一个来自计算机世界的例子，将文件从一个文件夹移动到另一个文件夹属于复杂动态的图形环境中的一个复杂动作，计算机的数据系统里有很多文件夹和子文件夹，目标数据存在于其中一个文件夹里。相应的动作序列如下：首先打开两个文件夹，然后将数据图表从一个文件夹移动至另一个文件夹。数据的移动又由以下动作组成：选中图标，按下鼠标左键以实现鼠标移动，最后在新文件夹里释放鼠标左键。图 7.11 展示了对应的对象和动作层次结构。

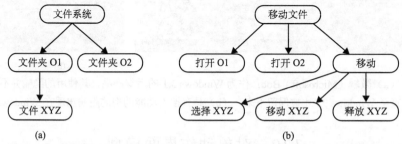

图 7.11　（a）对象层次结构，（b）将数据从一个文件夹移动到另一个文件夹的动作层次结构

OAI 模型和 **AOI 模型**的基本理念是：如果界面隐喻的对象和动作层次结构能够尽量和真实世界（或者隐喻所属的范畴）的对象及动作层次结构保持一致，那么这个界面隐喻就会是比较好理解的。这个理论会保证用户界面对物理世界的非精确传递，但这并非是始终必需或有利的。相反，许多常见的隐喻只适用于某些特定领域，在其他领域则不然。关于对象和动作以及对象和动作层次结构的系统设计，有助于用户界面的逻辑构建以及对学习和理解的支持。关于用户界面设计过程内的对象和动作的含义将在第 10 章中加以讨论。

练　　习

1. 列举五种类型的椅子，要求其功能可见性各不相同并对其进行讨论。

2. 举出日常生活中和某个计算机支持设备（可以是闹钟、心率监视器、微波炉等）的交互，您在交互中必须执行命令，这些命令是不可见的或不可辨认的，所以您得首先学习并掌握这些命令。如何能在不修改设计的前提下改善这些交互场景使其变得简单而现实？

3. 对话一般是如何得以加速的？请思考对话树的宽度和深度以及不同对话步骤的执行频率。假设您精通编程并从赫夫曼编码中得到灵感。从实际生活中举例说明这样的优化对话树的应用场景。

第8章 建立交互风格

本章将用较短的篇幅系统介绍一些**个人计算机**上已有的**交互风格**，并讨论它们的起源、优缺点等。对于交互风格的系统理解，一方面有助于我们对传统个人计算机用户界面的交互风格的选择性使用，另一方面可以帮助我们对全新的交互类型进行思考。本书的第四部分将对交互范式的进展以及相应的特殊性进行详细讨论。

8.1 命　　令

计算机工作的最底层技术是**命令**序列。这种机器命令连续出现在工作存储器中，并包含了机器操作、分支或跳转等指令。在世界上第一台计算机的研发过程中，工程师同时也是编程者和唯一的用户。当时计算机的功能就是写一段程序然后执行这段程序。如今这些角色都是相互分离的，只为一位用户服务是很荒谬的，并且用户也完全不需要是编程者或工程师。但是如今所有的个人计算机操作系统依旧支持**命令行环境**（图 8.1），有些智能手机的操作系统还允许用户对命令层进行访问。

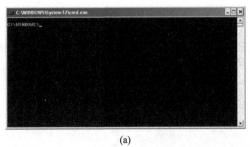

(a)

(b)　　　　　　　　　　　　　　　　　(c)

图 8.1　Windows、Mac OS 和 Linux 中的命令行环境

命令行环境所依托的思维模式也是一个计算机程序：用户输入一个命令，计算机在屏幕上输出该命令对应的结果。前提是用户首先必须清楚计算机能支持的命令有哪些。在有些命令行环境中，当用户输入"help"或"？"后，系统可以给出帮助信息，但是用户首先得知道这些命令。命令行的基本问题在于用户必须能回想起而非识别（见 3.1.2 节关于回想和识别的概念）出命令行及其语法和操作。

命令行环境可以对命令序列等非常复杂的流程进行指定和自动化操作，用户可以在命令序列中写入名为**外壳脚本**的可执行数据。不同版本的 UNIX 操作系统都是完全通过这样的脚本进行控制和配置的。对于有经验的用户而言，命令行和脚本是很强大的工具，可以在其帮助下执行图形用户界面所不能表达的复杂过程（例如，为可重复操作编写循环）。如果同时支持这两种概念则实现了**灵活性**（见 5.2.2 节）。

命令行是最为人熟知的，但并不是唯一基于命令的交互。通过遥控器的按钮实现立体声设备的控制也是如此。每个按钮对应一个特定的命令，如调高音量、更换模式、停止 CD 等。按钮都有标题，用户可以看到有哪些命令可供使用。经典的汽车电台是另一个例子，每个功能都有自己对应的按钮或控制器。最老式的慕尼黑交通网络的售票机（图 8.2）也是如此。在这种售票机上，每种车票类型都有自己对应的按钮，按下按钮可以完成车票选择。基于命令的操作是始终存在的，当备选项的数量在可管理范围内并且用户对其是可信任或可辨识时，就不需要进一步的交互。

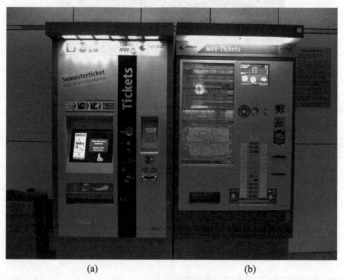

(a)   (b)

图 8.2 慕尼黑交通网络的分别基于对话和命令的两种售票机：（a）售票机从屏幕对话开始，（b）机器上每一个按钮对应一种车票

8.2　对　　话

当需要指导用户在计算机上进行复杂查询时，用户和计算机之间真正的**对话**就出现了。这种操作形式完全是在计算机中出现的，而此前的简单机器上是不可能实现的。我们再次来看售票机的例子，会发现慕尼黑交通网络或德国火车系统的新模型（图 8.2（a））是复杂对话的良好示例。车票选择不能（像基于命令的版本一样）一步完成，而是通过多步操作来实现对目的地、人数、车票有效期等很多方面的查询。这两种不同的售票机经常并排放在一起，提供了一定的**灵活性**：每个人可以选择自己喜欢的模型。

基于命令的操作的优缺点都很明显：能够控制大量功能的选择（特殊票型、特殊票价），但相应操作所需的步骤也就越多。如同火车票售票机的介绍中所展示的那样，对话的良好设计有着更广泛的含义。首先应该避免错误和用户体验差的产生，并且需要在**效率**和**强大性**之间找到一个良好的平衡：始终对所有可能进行询问的对话是强大的但是速度会很慢。询问很少的对话速度快、清晰但是可变性小。计算机科学家把具有分支的对话描述为树，并通过树的排序将对话以及平均所需的对话步骤的数量加以优化。至于其是否是可理解的或者有没有向用户展示出逻辑性，只能通过用户测试（见第 13 章）加以证明。

基于对话的交互的另一个例子是软件或**语音对话系统**（如计算机电话的安装对话）。后者有个问题在于必须首先将说出的语音信号转换成正确的单词然后才能传导其在语境中的含义。通过简单的命令输入实现的计算机电话的菜单浏览是很健壮可行的。复杂语言的处理目前仍然是一个活跃的研究领域，它总是和显著的计算需求联系在一起。语音对话系统对于人与人之间的对话的模拟总是会给用户带来错误的期待：人与人的对话只需要最少量的智力和常识即可顺利进行。而在和计算机的对话中，如果用户抱有同样期待的话，通常都会比较失望。从 Eliza（Weizenbaum, 1966）到 Siri[①]，总是有各种对于语音对话系统的嘲讽，它们通过选择性的系统展示来嘲笑其失败的对话过程。

8.3　搜索与浏览

当需要对大量数据进行操作时，我们使用的交互形式通常是有目标的**搜索**（search）或目标性不强的**浏览**（browsing）。搜索本身可以通过对话或命令形式来完成（例如，数据库的结构化查询语言（Structured Query Language, SQL））。值得

---

① http://www.siri-fragen.de。

注意的是，我们通常对第一手结果是不满意的，或者通过得到的结果对搜索进行进一步的细化。浏览这一概念首先诞生于 Web，可在 Duden 中查阅其相关释义。它描述的是在图书馆或音乐库等类似 Web 的大型数据集（图 8.3）中实施有目标或无目标的活动。

图 8.3　同一用户界面里的搜索和浏览功能，这里展示的是音乐库的例子（右上方的搜索栏和列表允许有目标的搜索，CD 封面和左侧边栏中的条目则引导用户进行浏览）

　　搜索和浏览之间的过渡是流畅的，人类总是在这两者之间来回地无缝切换。以购买礼物为例，我们本来有一定的目标，半路上却被其他东西所吸引，结果经常买了完全不同的东西作为礼物。这个购物行为单纯是由商业兴趣支撑的，但不失为用户界面的一个可取的性质。例如，Web 搜索引擎只提供和搜索条件相关的搜索结果。音乐库的管理界面通常提供一个搜索栏，可以直接通过歌曲名称、专辑或演唱者名字进行搜索。同时也提供 CD 封面图片或（根据一定的条件）提供类似的歌曲。这样可以使我们产生灵感，从而偏离原本的搜索目标（Hilliges and Kirk, 2009）。另一个效果是所谓的**满足**（satisficing），这个单词由英文单词 satisfying 和 sufficing 组合而成：人们开始时有一个特定的但可能比较模糊的搜索目标，在没有找到具体的解决方案之前人们不会进行搜索，直到找到的结果足以满足人们的需求。在此期间我们可能会**分心**（sidetracking）。良好的搜索和浏览界面应该同时支持满足和分心这两个机制，这样才能在一个大型数据库中保证搜索结果的丰富性以及结果质量和搜索速度之间的平衡。

8.4　直　接　操　纵

直接操纵是当今个人计算机的图形用户界面中叠加的交互风格。**Ben Shneiderman**（1983）通过下列属性对这种交互风格进行了定义。

（1）对象和动作的可见性。

（2）迅速的、可逆的、增量式的动作。

（3）将对感兴趣对象的复杂命令语言的句法替换为直接的、可视化的操作。

该定义是基于当时的技术背景即命令行的，Shneiderman 等（2014）在随后发表的文章对符合现状的属性进行了重新制定。

（1）相对于命令行，**直接操纵界面**（Direct Manipulation Interface, **DMI**）中被操纵对象及其执行的动作是可见的（交互风格定义（1））。例如，数据可以表示为图标，程序和简单命令也是如此。用户可以通过鼠标选取一个数据图标，将其拖动至回收站图标，这样就执行了删除操作。

（2）通过这种方式执行的动作是快速的、分步的、可逆的。例如，将数据从一个文件夹移动至另一个文件夹的操作是可逆的，数据可以移动回原来的位置。

（3）用户无须记住命令或数据名称。他可以在屏幕上看到这些名称，然后进行选择和直接操纵。

对新用户或偶尔使用的用户而言，与 DMI 的交互是简单的，（至少在理想的 DMI 状态下）不需要记住任何东西，只要能识别出复杂功能即可。图形电脑游戏也应该遵循这一准则，所有游戏元素均以图形化方式呈现，其功能也应该是可识别的。同时，DMI 的一个本质限制是严格的增量式执行和相对简单的动作（交互风格定义（2））。删除满足特定条件的所有数据等复杂过程的执行时间会很长，但如果使用命令行就很简单。世界上第一个直接操纵界面称为 Xerox Star Workstation（见 15.1 节）。1984 年 **Apple Macintosh** 上创造出的这种交互风格在当时是一个商业上的突破。有趣的是，当人们把这种交互风格和交互界面上的触摸进行比较时（见第 17 章），这种基于鼠标或其他指示设备的交互会被视为非直接的。

8.5　交互可视化

随着计算机可用的计算能力的增加以及数据库的迅速增长，交互**可视化**成为一种交互风格。正如 **Edward Tufte**（1992）所述，大型数据集或复杂问题的图形化呈现并非计算机时代的特有产物。计算机使得每次对可变数据集的视觉呈现的重新计算以及数据集在屏幕上的实时浏览和操纵成为可能。其中会用到视觉感知的很多效应，例如，第 2 章所描述的**格式塔定律**或**下意识感知**。此外，有专门针对可视化交互的技术指南，这里只讨论其中的两种范例技术。可视化提供对数据集特定的**视图**（view）。相同的数据集通过不同的过滤或排序条件可以呈现为不同的视图。这样的视图之间还可以相互协同，人们看到的就是**多协同视图**（Multiple Coordinated Views，**MCV**）。一个简单的例子是地图呈现：为局部地图显示细节，同时提供一个粗略的全景图来显示该局部所来自的区域（见 9.3 节）。如果视图之间是互相协同的，则在一个视图里选中并出现的对象同样也会出现在其他视图里，这称为**连接**（linking）。在这些协同视图上可以使用视图过滤或排序等方法在结果中找到其他视图中感兴趣的模式。这种技术称为**刷光**（brushing）。MCV 可视化中的刷光和连接是一种强大的技术，能够帮助用户找出高维数据集中感兴趣的因果关系。图 8.4 展示的是一个具有刷光和连接功能的 MCV 界面。如同 8.4 节所讨论的，这样的界面只有在主动操纵中才能发挥完全的作用。关于信息可视化的综合导论可参见 **Robert Spence**（2007）的文献。

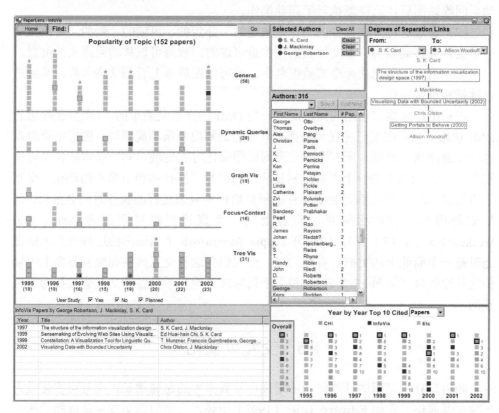

图 8.4　具有刷光和连接功能的 MCV 界面：PaperLens，2004 年 InfoVis 竞赛获胜者

练　习

1. 用户界面的灵活性：找出并描述您喜欢的计算机系统中至少三种删除数据的方式。这三种方式应属于前面介绍过的不同的交互风格。提供不同方式的原因是什么？每个方式对应哪个原因？

2. 利用在 3.1.2 节中学到的关于长期记忆的知识，对命令行交互和直接操纵进行比较。讨论为什么命令行适合专业人士而直接操纵适合非专业人士。

3. 在网上自学**面搜索**（facet search）概念并举出一些例子。这里的搜索和浏览的结合程度如何？

第 9 章　图形用户界面的基本模式

第 7 章和第 8 章分别介绍了用户界面设计的一些基本规则和现有的一些交互风格。本章主要介绍创建用户界面的结构模式和概念。虽然这里介绍的并不完善，但还是包含了目前使用最为频繁的设计模式以及相应的界面概念。

9.1　设计模式：模式-视图-控制器

定义和应用**设计模式**是为了向软件设计的形式化与可重用化提供良好的经过测试的现有结构。特定设计模式可以通过特定程序语言或编程环境加以实现。例如，Java（以及很多其他程序语言）为底层的模式-视图-控制器体系的便利实现提供**观察者**（observer）模式。设计模式为某些始终反复出现的问题提供预定义解决方式，通常可以引导出优化的解决方案。除此之外，它还能提供良好的可辨识度，并通过软件的**概念模型**等将其传达给开发者。设计模式的**模式-视图-控制器**（Model-View-Controller，**MVC**）对软件体系进行了描述，其中数据及其走向（模式）、呈现（视图）以及操纵（控制器）相互分离。基于此模式开发出的软件的各组件可以彼此独立地进行修改或交换，也可以对相同的模式定义多个视图，或者为不同的操纵提供不同的控制器。图 9.1 展示了 MVC 模式以及用户如何与不同组件进行互动。一个实际的应用应该呈现出不同组件之间的相互作用：我们接受模型以字符串等文字形式存在于计算机的储存器中。视图是将这些文字呈现于屏幕上的程序代码，例如，以某种字体出现在文字编辑窗口内。在该情况下控制器是从键盘接受输入、在存储器内对这些文字进行相应修改的程序代码。当存储器中的文字改变时，屏幕上的呈现也应相应更新。除此之外可能还存在一种视图，它可以将文字显示在大纲视图内，这样能实现对长文本的预览。另外一个例子是 3D 建模程序，它可以将同一个 3D 对象的不同面显示在不同的窗口中。在这种情况下，不同视图的软件组件是一致的，不同的只有参数（特别是摄像机位置）而已。在这个实践中经常一并使用控制器和部分视图，因此它们或多或少需要密切相关的整合。为了使第一个例子中的文字编辑器可用，必须实时显示视图中鼠标的当前位置，而鼠标的当前位置又作为控制器所有输入的参考。为了能在 3D 建模软件中选中对象，在视图窗口中必须确定单击位置才能实现 3D 模型的编辑。在任何情况下都必须将模式和其余两个组件区分清楚。

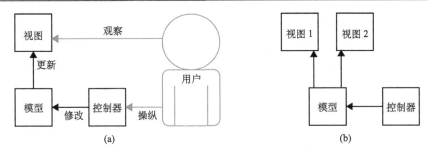

图 9.1　（a）基本的 MVC 设计模式和（b）同一模型的多个视图

一个遵循以上原则并且每天都在使用的片软件是数据系统（Windows Explorer、Mac OS Finder、Linux KDE Dolphin 等）的中央视图。这是一个实际的数据系统的模式，它可以存在于硬盘或网络上，其采购途径可以完全不同，但任何时候都应该为其他组件提供相同的（软件）接口。在这种情况下提供各种视图（文件夹、图标、树型呈现、栏视图等），这些视图经常和控制器组件整合在一起，使得数据可以通过鼠标实现移动、通过键盘实现重命名。图 8.3 展示了同一模式（在此例中为音乐集合）的两个不同视图（歌曲列表以及专辑封面）。

来自信息可视化领域的基本概念**多协同视图**（**MCV**）已在 8.5 节中介绍过了。它可以处理相同数据集的相互协调的不同视图。这种协调使得多种交互形式特别是对数据集的搜索和过滤成为可能。8.4 节对这样的界面进行了展示。如 8.5 节所述，交互有助于对大量信息的处理。

9.2　可缩放用户界面

大量信息的存在会导致一个典型问题：缺少屏幕空间。如果信息的所有组成部分都要得到细节化的呈现，那么所需要的空间会比屏幕所能提供的空间大。要想适应屏幕大小，就要缩小或简化该呈现，但这样一来很多任务的细节层面就达不到要求了。由于视觉分辨率的极限因素（见 2.1 节）的存在，这个问题并不能通过提高屏幕分辨率来解决（见 6.1.1 节）。因此对于大型数据集而言，有必要提供不同的尺度或细节层面。可以通过尺度的连续变化（**几何缩放**，geometric zoom）或者不同尺度的同时呈现（**焦点和语境**，focus&context）来实现。

可缩放用户界面（Zoomable User Interface, **ZUI**）始于 20 世纪 90 年代，由 **Ken Perlin** 和 **David Fox**（1993）提出，后来由 **George Furnas** 和 **Ben Bederson**（1995）正式地、更为精确地确定下来。人们在 20 世纪 90 年代还得仔细解释 ZUI 的概念，而在今天我们可以自信地说每个读者都对 ZUI 有直观的信任，每个人至少都在谷歌地图（**Google Maps**）等导航系统里用过一次交互地图。地图是 ZUI

的完美展示：纸质地图的比例尺各不相同，整个大洲的概貌一般是 1∶5000000，整个国家或汽车、火车的大致路线规划是 1∶500000，骑自行车的人是 1∶100000，行人是 1∶25000。当显示区域逐渐缩小时，细节内容会逐步增加。如同我们在谷歌地图里使用的那样，包含所有细节的世界地图 ZUI 使得所有任务可以在一个系统内得以解决，例如，穿过一个住宅区的精确路线规划。ZUI 的基本操作是比例尺的变化（**几何缩放**）以及显示区域的移动（**平移，Pan**）。在这两个操作的帮助下，我们可以在各种可用的细节层面上对整个数据集进行访问。我们已经知道较大比例尺下的内容变化较快，在移动到其他城市并在那里进行缩放之前，当前住宅区的缩放至少应该在市或县层面上进行。在 Furnas 和 Bederson（1995）的文献中可以找到对可能操作及相关数学知识的详细讨论。

地图在本质上是适合缩放的，其他一些信息也适宜通过缩放和平移来进行浏览。Perlin 和 Fox（1993）将日历和结构化的文字作为示例，定义了**语义缩放**（semantic zoom）的概念。和几何缩放不同，在语义缩放中不仅显示的比例尺发生了变化，显示的内容更是新信息甚至是全新的呈现。在谷歌地图中我们可以看到，地标物或公交车站默认出现在一定的比例尺下，用户可以将其调整到最高的缩放层次（街景）下，这样就会切换到一个完全不同的呈现中去。ZUI 的一个现代例子是演讲工具 Prezi[①]（图 9.2）。

图 9.2　用于演讲的 ZUI：Prezi

[①]http://prezi.com。

处于无限大的缩放层次下的多媒体信息（文本、图像、视频、动画）应在不同尺度下进行管理。可以在此层级下自由浏览，或在正常情况下通过线性呈现的方式沿固定路径行进。在上一级缩放层次下的叠加结构传递着所显示元素间的逻辑关联。人们可以在该层次下的某一地区的放大过程中获得几何和逻辑上更高的细节层面。人们为了切换到另一个区域，就会离开当前的细节层面，摄像机会缩回，显示层次会发生改变，然后缩放至其他位置的细节层面。由此在图形呈现中传递了信息的不同部分之间的逻辑结构及相互关联。

9.3　焦点与语境

ZUI 一个典型的问题在于不能同时显示概貌和细节。因此用户必须不断地在不同的缩放层次上来回切换才能在看到概貌的同时又不至于失去细节。另一种可能是始终同时显示两个不同的缩放层次。当前选中的区域（**焦点，focus**）显示在一个较高的细节层面上，另一个层面上显示焦点附近的**语境**（context）。在 MVC 设计模式中可以简单地通过模式的两个参数不同的视图加以实现。图 9.3 显示了一个这样的地图呈现：大的地图显示了慕尼黑最重要的交通干道，右下角的小缩略地图显示了慕尼黑周边地区及邻近城市。

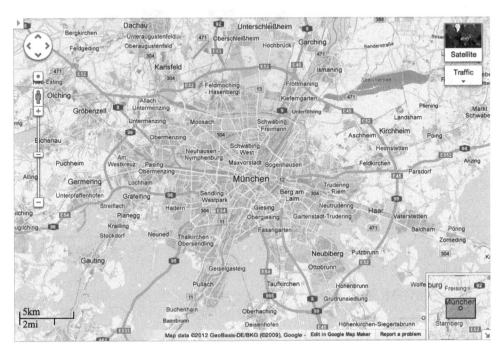

图 9.3　谷歌地图中的两个协同视图示例，同时显示了焦点（大图）和语境（右下角的缩略图）

　　可以在两个视图中进行该区域的浏览，而缩略地图里的深色矩形表示的是细节地图里的对应区域。这样的显示方式称为**概貌+细节**（overview+detail），是一种常用的、将焦点和语境同时呈现的技术。另一种将焦点和语境同时呈现的技术来自于信息可视化领域，可以用于列表或菜单的显示。**鱼眼**（fisheye）得名于摄影鱼眼镜头，它可以使图像中央物体的放大程度比图像边缘物体大。这样可以生成几何扭曲的图像，图形中央和边缘区域使用的是不同的比例尺。这个想法首先应用于图形和网络的可视化，后来也用于列表和菜单的显示。图 9.4（a）显示了一个单词列表。其中处于焦点的单词被放大，从而可以看得更清楚或便于选中。焦点上半部和下半部的放大系数逐渐降低至某个固定的最小值，这样焦点周围的单词（语境）就会逐渐变小。图 9.4（b）将相同的概念应用到了一个二维矩形网格的显示中。鱼眼显示一般用于有限空间内不同细节层面上的大量信息的呈现，例如，手机菜单或 Mac OS 的 Dock。

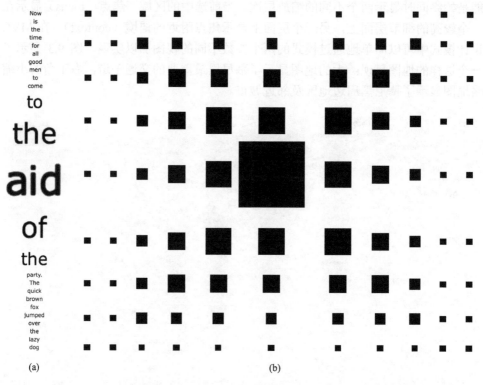

图 9.4　（a）单词列表的鱼眼显示和（b）一个矩形网格（（a）中会获取实际的位置，（b）获取的则是网格的几何信息）

练 习

1. 利用图 9.3 列举出谷歌地图的 MVC 系统组件。讨论谷歌地图所实现的语义缩放的优缺点。开发者提供了哪些缩放和平移的控制方式？为什么？

2. 比较电子地图和传统纸质地图的功能。两者各有哪些优缺点？列举一种您有意识使用纸质地图的情形并解释其原因。

3. 研究<u>鱼眼</u>显示的不同实现方法。至少列举出三种方法以及各自最适合、最不适合的情况。

第三部分

交互系统的开发

第10章 以用户为中心的基本设计理念

本章主要围绕以下问题展开：怎样才能使用户界面的设计过程是有意义的？这样的设计过程应该具有哪些特性、由哪些步骤组成？长期以来用户界面设计以及底层系统的设计及实现都是由计算机科学家和工程师负责的。这样开发出的系统并不总是对用户友好的，有些公司早就意识到了这一点。作为专业应用软件全球市场领导者之一的 SAP 公司成立于 20 世纪 90 年代中期，20 年之后它就建立起了第一个可用性实验室。在这期间**可用性**（usability）成为 SAP 软件成功的最重要的因素之一。以前的软件可用性主要在实验室里进行测试，然而此时用户界面的实现已经全部完成，软件开发也已到达尾声。如果要进行修正是非常麻烦的，而用户界面质量的处理反而成为次要的了。即使可用性不是设计和实现过程中的决定性因素，现代方法还是对其同等重视。为了更好地理解这一点，人们首先要弄清楚：到底什么是设计？Dix 等（2004）将设计定义如下：在条件有限的情况下达成目标。**目标**描述的是通过设计应该达到的应用语境、软件和用户界面所服务的人群等。软件针对的是年轻人的社交网络图片还是老年手机的新型用户界面，这两者之间是有很大差别的。

设计始终要屈服于各种限制条件。因此对这些限制条件有所认识是很重要的。首先需要处理物理限制。例如，便携式电子设备的电池大小通常对设备的最终形式有着决定性的影响。新材料的诞生或技术的进步带来新的设计备选项，这个现象在交通工具制造业和建筑业经常出现。必须考虑设计过程的标准，并对用户界面设计可能的备选项加以限制。较大数量的限制条件通常会导致无法实现优化的设计结果。因此设计师必须做出妥协。妥协的艺术在于为了取得可接受的设计结果，必须决定哪些限制条件需要优先考虑、哪些需要弱化、哪些最终应该抛弃。设计过程的关键在于要考虑用户的需求和**目标**。这可以通过设计师刚着手用户界面设计工作之初的原始假设加以区分。设计过程的最高目标是让目标用户尽早地参与进来。

设计过程分为两个阶段：问题域的理解和解决方案的制定。为了随后对其加以巩固，刚着手于这两个阶段时应分别对其备选项进行探索。如图 10.1（a）所示，其主要由一个阶段所查看的备选项的数量以及另一个阶段的设计过程所需时间来共同构成。根据其外观特点，这个过程被称为**双钻石**（double-diamond）（Norman，2013）。图 10.1（b）显示的是**以用户为中心的设计**（User Centered Design，**UCD**）过程，它伴随着对双钻石的两个阶段的探索和巩固。

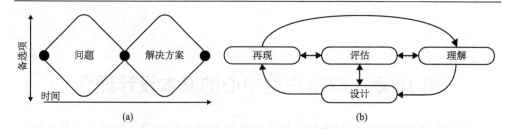

图 10.1　（a）双钻石过程和（b）以用户为中心的设计的主要元素：评估、再现、理解和设计
（Benyon, 2010; Norman, 1998）

10.1　理　　解

对于开发而言，对设计过程的限制条件的理解意义重大。这不仅针对设计的特殊情况以及用户界面的实现，对产品设计来说更是很普遍的。在人机交互领域，对于软件（如文本处理软件）或交互产品（如游戏机）而言，对技术和人类限制的理解是最起码的。在 UCD 中，设计师首先要尽可能精确地认识到目标用户的需求以及终端产品的应用语境。哪些限制条件需要弱化、哪些需要忽视，这属于理解过程的重要方面，对于最终用户界面的成功有很重要的影响（Dix et al.,2004）。19.4 节会以移动交互为例进行详细讨论。就像对目标人群的识别一样，对技术约束也需要进行仔细考虑，目标人群会直接或间接地和终端产品进行交互，有时在产品的引入阶段就已经有交互产生了。11.1 节会详细讨论用户群的不同类别以及如何将其纳入设计过程中。同样地，应该对活动进行分析，其在新产品的引入或用户界面中会被关注到。当引入新软件时，经常需要对工作过程进行调整。为了在设计过程的初始阶段尽量避免错误的产生，对于调整结果的理解是很重要的。最后需要对技术约束进行分析和评估。这样就可以推断出哪些方法在技术上是不可行的或代价不菲的。这些分析越早出现于设计过程中，后期就越能节约开销和时间。关于用户需求和语境的识别方法会在第 11 章中加以介绍。

10.2　设　　计

在 UCD 的设计阶段中会产生具体的建议，其中会用到以往过程的经验。它由一个抽象的步骤**概念设计**和一个具体的步骤**物理设计**组成。概念设计产生于**概念模型**（见 5.1 节），通过抽象的方式得以描述，其活动和对象与用户界面设计有着因果关系（见 8.4 节）。它可以由用户对于真实或数字对象的活动列表组成，或者更正式一点地通过软件设计中经常使用的**实体-联系模型**（entity-relationship model）加以描述。信息流和交互过程在概念模型中经常表示为流图。设计者的概念模型和用户的**心理模型**（见 5.1 节）有着直接关联。概念模型应尽量保持抽象而具体的物理设计应尽量保持开放。概念设计的一个普遍问题是应该开发什么、谁会受到影响以及设计所处的语境如何，而非设计的实施如何取得成功。设计的变化在问题域的理解（双钻石过程的左半部）方面扮演着重要的角色。

　　问题的实施会在**物理设计**中加以强调。这一步骤主要针对用户界面的具体表达，例如，具体的图形实施及精确的用户引导。物理设计还会明确如何对不同设备进行支持（以网站设计为例，规定工作站和移动设备使用何种布局及交互方式）。物理设计基于抽象的概念设计并将其转化为具体的设计方案。物理设计还有很多值得注意的方面，例如，产品应该给用户留下何种印象。产品的情感影响以及满足用户需求的方式对产品的成功有着重大的意义。第 14 章会详细讨论这些方面。由此产生的物理设计方案通常并非最终方案，但能够为以往设计过程中出现的 UCD 的延续进行服务，并且在解决方案的制定（双钻石过程的右半部）中是必需的。

10.3　再　　现

　　设计过程的另一个重要基石是对中间方案或设计备选项的可视化。可视化方法通常为讨论提供了必要的基础，从而保证 UCD 能进入后续步骤，有条不紊地避免限制条件。一个简单的草图通过简短的描述就能传递设计方案的核心思想。有时为了对设计影响进行更好的评估，必须对复杂的 3D 模型进行建模，这样单纯的可视化就不必关心触觉质量（如纹理或重量）。目前已有大量工具可以帮助设计者进行**原型系统**（prototype）设计，原型系统可用做 UCD 后续过程中的讨论基础。第 12 章会对原型系统及其各种设计方式进行详细讨论。

10.4　评　　估

　　评估（evaluation）在图 10.1 中处于中心位置，在 UCD 中有着核心意义。目前为止 UCD 的每一个步骤都是通过评估步骤得以保障的。出于这个目的，有很多可供使用的评估方法，会在第 11 章和第 13 章中加以介绍。设计师会为了验证步骤的可信度或和委托人、同事进行简短对话而应用某种评估方法，这样的做法通常是有效的。有些步骤需要广泛的总结分析和评估，如通过大量的用户研究加以实现。正确方法的选择是一个具体课题，也是 UCD 的先导步骤。因此原型系统通常通过用户研究加以证实，而概念设计在很多情况下首先只会和委托人进行讨论。

10.5　迭代式设计

UCD 需要考虑大量的限制条件，通常用户界面的初始设计都必须进行改进，在经过多轮设计迭代后才会得到令人满意的产品。如前面章节所述，应该对中间结果实施评估。但一个基本问题是应该在何时实施评估。在传统的软件开发中，用户界面的评估通常是在开发过程的后期进行的。用户界面设计的外观变化是可能的，但是结构或功能的基础性变化却要花费大量的精力和成本。在 UCD 中，软件或交互产品的功能构建和用户界面的设计与评估紧密相关。用户界面是产品的核心元素，无法简单地和功能分离。用户界面设计的迭代产生于尽可能小的步骤中，紧随其后的就是评估步骤。这样可以同步执行用户界面的不同设计方案，从而能对更多的备选项进行对比评估。

10.6　实　　现

每个设计过程的后期都是最新设计方案的编程实现。如果在原型系统的开发中已经实现了程序代码，那么通常在实现阶段就必须考虑额外的（不算少的）编程成本。最终软件原型系统必须通过全新的编程实现，但原型系统的代码并不适宜重用。除了软件，实现阶段通常还要面临不算小的硬件因素。另外还必须对文档进行记录和验证。最后在产品问世并到达用户手中之前，全部组件都应该与经销商协调讨论。实现阶段的投入不可低估，对于复杂产品而言，这部分的开销甚至可能是 UCD 过程成本的好几倍。

练　　习

1. 假设您有机会对工作场所进行装修。为了达到最好的结果，从 UCD 角度来看，需要考虑很多方面和过程。特别请您考虑概念设计、物理设计、限制条件和对工作场所外观的要求。用 UCD（图 10.1）的方式对您的方法进行梳理，并考虑如何对中间结果进行评估。

2. 锻炼设计思维：当您下次决定下厨时，请使用双钻石思维（图 10.1（a））。首先定义什么是良好并适宜的一餐，然后在第二个步骤中解决如何做具体准备工作的问题。这样做会为您的经验带来新鲜的感受。

3. 假设您在自动照相机上照相，试讨论自动照相机的概念模型，并对有助于完成流程的对象和活动进行描述，从 UCD 角度利用这个模型对自动照相机的优缺点进行讨论。

第 11 章　用户需求的收集与理解

前面章节已经详细讨论了以用户为中心的设计（UCD）过程。这个过程中的一个重要因素是对**用户需求**的理解，即用户对用户界面有哪些需求、用户在何种**使用语境**中和用户界面进行交互。对于用户界面的开发者而言，问题在于如何在用户界面没有完全实现的前提下对用户需求进行收集和理解。这个问题在 UCD 的初始阶段即还没有细节原型系统可供测试时显得尤为突出。本章主要围绕这个问题，讨论如何对用户需求进行初始收集以及如何将这些知识应用于用户界面的开发中。

11.1　利益相关者

在尝试对用户需求进行收集和理解之前必须首先明确后期产品和用户界面所针对的用户是哪些人。对这个问题的回答并非像人们想象的那样简单。这里以一款智能牙刷为例，这种牙刷可以帮助儿童规律地、正确地刷牙[1]。很明显这个产品针对的是儿童，他们可以明确地被标识为用户群，但是他们并非该产品的全部用户。产品通常是由儿童的父母购买的，对牙刷的评估也来自于他们，因此他们理应受到直接关注。该产品会对牙医的工作有所影响，因此也应将其纳入设计过程。通常在 UCD 中把产品的引入和使用过程中的相关人士称为**利益相关者**（stakeholder，利益团体的成员）。在本例中利益相关者团体的组成很丰富，有时甚至难以界定。在 UCD 中人们原则上会首先把和产品有直接或间接关联的人视为利益相关者（Sommerville and Kotonya, 1998）。

这个人群的优先级别依赖于他们和新产品的关系，可以分为三组：**首要的、次要的以及第三方**（Eason, 1988）。首要的利益相关者是和产品有直接紧密联系、每天都会使用该产品的用户。在牙刷一例中儿童就是受邀的利益相关者，因为他们会使用牙刷来刷牙。次要的利益相关者是和产品的引入有间接关系但是不会规律地、直接地使用产品的用户，即儿童的父母。第三方利益相关者和产品引入的关系最弱，除了牙医和接待员，电子商店的雇员也应纳入其中，父母通过他们可以得到关于新牙刷的通知。

---

[1]相应产品由 Kolibree（http://www.kolibree.com）公司提供。这款牙刷通过蓝牙将刷牙行为数据传送至智能手机。在手机上会对数据进行评估并为用户提供信息以帮助他们更好地进行牙齿的护理。

　　所有的用户组经常比初始设想的大得多，这很快就会变得令人困惑：到底哪些用户应该纳入考虑、哪些用户不应该考虑？利益相关者的组织结构可以用**洋葱圈模型**来描述。模型的中央位置是产品及其用户界面。首要的利益相关者位于最内圈，第二圈是次要的利益相关者，第三圈是第三方利益相关者。为了理解哪个用户应以何种形式存在于开发过程中，在 UCD 初始阶段就对利益相关者进行识别并将其引入后续步骤中是很重要的。通常应该首先考虑首要的利益相关者，然后是次要的利益相关者，最后才是第三方利益相关者。

　　在对利益相关者以及潜在的直接、间接用户进行识别后，在后续步骤中应确定具体的需求和用户语境。接下来将介绍实现这一目标会用到的收集方法。

11.2　面 试 方 法

　　为了获取更多的用户需求、理解用户界面所处的情景和约束条件，通过不同面试方法对用户进行直接**调查**是普遍且可靠的方法。但是通过直接调查并不能收集到所有的用户需求。美国汽车品牌的创建者亨利·福特的一条相关名言大意如下：如果当初让我去问顾客他们想要什么，他们只会告诉我"一匹更快的马"。通常来自用户的大量不能满足的需求并不能带来新的需求和创新。面试方法很适宜于收集第一印象或回答特定问题。面试基本上是由面试官或主持人负责引导的。根据问题和情景可以使用不同类型的面试方法：**非结构化的、结构化的、半结构化的以及群组面试**（Fontana and Frey, 1994）。非结构化的面试通常应用于 UCD 很早期的阶段，可以获取对用户情景和需求的基本理解（图 10.1 双钻石过程的左半部）。由面试官提出一个大致的主题，基于这个主题与受访者进行讨论，这个讨论可能会引导出不可预见的其他主题。这样可以针对一个主题范围实施一个丰富的、有意义的、复杂的调查。结构化的面试由预先定义好的问题及其预设答案选项（**封闭问题**）组成。封闭问题的典型答案是有限的（是/否/不知道）。和非结构化面试不同，结构化面试中的所有问题对于所有受访者均保持一致。这样可以保证答案的可比性。半结构化的面试结合了结构化和非结构化面试的元素。在半结构化面试中面试官可以根据预设的问题脚本对面试结构进行调整，而受访者的回答则是自由的。关键一点是面试官的提问方式不能对受访者的回答造成影响。要特别注意问题的设计，以避免出现像结构化面试中一样的简单回答。在群组面试中不应该询问单个受访者，而是应该由主持人通过群组讨论和群组合作来获取相关信息。关于这点会在 11.4 节中详细讨论。

11.3 调 查 问 卷

调查问卷也是**调查**的一种有效方式,可以获取关于利益相关者的结构化信息。调查问卷也经常应用于结构化面试中,方式和面试很相似,区别在于问卷调查不需要面试官。由于受访者不能问问题,所以仔细清晰的问题设计是很重要的。也可以通过一条标准来决定应该选用结构化面试还是调查问卷:如果用户很积极并且提出的问题少,可以选用调查问卷;如果用户不积极并且问的问题多,就应该通过结构化面试来收集信息。

调查问卷的一大优势在于可以很容易地分发给大量的利益相关者,相应地可以获得大量答案。调查问卷可以通过传统方式打印出来,也可以利用个人计算机或平板电脑数字化地呈现。调查问卷还有一个优点是可以进行自动评估。电子调查问卷的特殊性在于在线调查问卷,11.3.3 节会对其进行详细讨论。

11.3.1 结构

调查问卷的开始部分通常是关于受访者背景的一般性问题,如年龄、受教育程度、技术水平等。这些信息可以使后续问题有针对性,并且有助于对不同受访者的回答进行更好的比较。例如,关于智能手机应用的某个功能的问题所对应的答案通常和年龄或技术水平相关,年长的人对于智能手机的经验相对较少。在一般性问题之后是具体化的问题。这些问题的引导应该遵循以下原则(Rogers et al., 2011)。

(1)问题从简到难。

(2)避免有影响效应的问题。前面的问题可能会对后续问题造成影响(**次序效应**),容易受到影响的问题应该放在开始位置,而产生影响的问题应该放在末尾。有些情况下,电子调查问卷中问题的顺序可以随机生成。

(3)制作不同版本的调查问卷。例如,不同年龄受访者的回答差异性可能较大,弄清楚这些差异并为其提供不同的调查问卷,这样可以保证基于此原因的差异继续存在。

(4)提问要清晰。问题应该无歧义,问题的设计要很清晰。

(5)调查问卷的结构要紧凑。过多的问题以及问题之间过多的空白部分都会导致疲劳现象的产生。要求高的问题一般应放在末尾处(如前面部分所讨论的),这样可以尽量避免受访者出现疲劳。

(6)只问必需的问题。和调查问卷无关的问题应该省略掉,问的问题越少越好。

(7)开放性问题放在末尾处。如果要问开放性问题,就应该将其放在调查问卷的末尾处。当无法对开放性问题进行评估时,调查问卷末尾处的一般性开发问题就是有意义的,受访者可以在此处给出反馈。

提倡预先在一小部分受访者中针对疲劳现象和次序效应对调查问卷进行预测试（**初步研究**）。通过这样的测试还可以预估受访者完成问卷所需的时间。针对这一点应该预先和受访者进行沟通。

11.3.2 答案类型

调查问卷里的答案有各种不同的类型。除了开放性问题允许自由回答外，其他封闭性问题只允许少量答案选项。对于定量报告而言，为答案设置区间是有意义的，并且受访者不需要提供年龄等精确信息。**复选框**（checkbox）允许受访者打钩（针对纸质调查问卷）或单击（针对在线调查问卷）。根据问题类型可以为答案设置多个复选框。有些问题通常只有一个精确的、可能的答案，如关于性别或称呼的问题。其他问题可以有多个复选框供选择，如人们会选择在哪几个周日享受自己的兴趣爱好。复选框很适宜于快速准确地获取精确特定问题的答案。

通常应该允许受访者对调查问卷中的某些问题做出评价。在这些情况下可以使用**评估量表**，以便在不同答案之间进行比较。**利克特量表**（Likert scale）可用于表达对于某些问题的个人评价。问题可以用正面或负面的陈述加以表达，例如，好的科幻小说太少。通过答案可以度量回答者对于该陈述的支持程度，答案要么是一个量表上的数字，要么是在多个预设答案中选中（图11.1）。通常调查问卷里的很多问题都可以使用利克特量表进行回答。在这些情况下为了减少回答出错的概率，所有陈述都应该统一使用正面或负面的描述。一个需要重点关注的因素是答案备选项的数量（例如，在图11.1中是五个），其取决于问题本身，同时也依赖于问题的期望粒度。为了快速获取公众舆论，有些时候可以只给出三个答案备选项（赞同、中立、反对）。更多的备选项可以事后归类为正面、中立、负面。图13.3通过虚线和实线边框分别表示不同的子群。利克特量表在实际应用中通常采用五、七或八个答案备选项。奇数数量备选项的优势在于有一个明显的中立的中值点，但其劣势在于当人们不确定时常常会选择这个中值点。偶数数量的备选项会提示受访者在两者间做出选择。

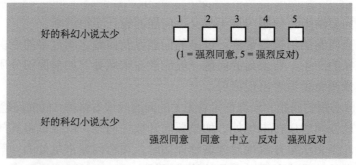

图11.1 利克特量表的两个示例：上面是数值化量表，下面为同一问题的语言化量表

另一个类似的方法来自于心理学领域，称为**语义差异**（semantic differential）。用户的评价不是通过对陈述的评分而是通过成对排序的双极形容词而获得的。成对出现的形容词代表着一个范围内的两个极端（例如，有吸引力的和丑陋的），受访者必须通过在两极之间选择来表达自己的评分（图 11.2）。所有极的出现顺序必须进行平衡操作，即将两端负面和正面的形容词进行交换。每个双极对的总分为答案的平均值，答案的最高分为正面极所在位置。

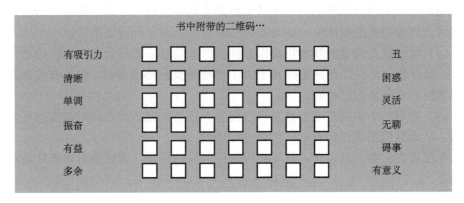

图 11.2　语义差异的例子：通过双极形容词对得到对某个陈述的评分

11.3.3　在线调查问卷

通过网站或电子邮件等**在线媒体**传播的调查问卷所面对的是广泛的受众，因此有可能会得到大量的答案。不同于传统的传播媒介（如通过邮件或直接发放到受访者手里），该方法对目标人群的控制度要低一些。和传统的直接发放问卷 100% 的答复率相比，在线调查问卷的答复率要低 1%～2%。同时很难证明调查问卷中回答的真实性或者受访者在不同的调查问卷里给出的信息是否自相矛盾。尽管如此，在线调查问卷还是很流行，因为它不仅易于发放，还能进行自动评分。

通过对输入答案可信度的验证可以直接避免很多输入错误。因此在线调查问卷用户可以动态创建，即可以根据对前面问题的回答来动态生成后续问题。例如，受访者在年龄一栏输入 70 岁，后续就可以出现关于老年用户特殊性的问题。在线调查问卷里的问题可以随机混合以避免次序效应。

在线调查问卷的一大劣势在于对受访者是否属于代表性目标人群的不确定性。在线调查问卷的问题经常通过社交网络进行发放，涉及的只是学生或家庭主妇等特定社会群体。使用 **Mechanical Turk**[①]等微工作平台来发放在线调查问卷可

---

①https://www.mturk.com。

以同时获得所需的主题，并且对于主题的选择以及结果的质量只需要进行很少量的控制。有一些网络服务可以帮助人们创建简单的、低成本的在线调查问卷[①]，它们可以提供如复选框、利克特量表、语义差异等常见答案类型。尽管如此，在创建在线调查问卷时还是需要注意以下事项（Andrews et al., 2003）。

（1）调查问卷首先应遵循 11.3.1 节提出的原则并创建第一版的纸质版本。

（2）设计调查问卷的发放策略。例如，通过电子邮件或社交网络进行发放。

（3）在相关网络服务的帮助下从纸质调查问卷生成电子调查问卷，需要考虑在线调查问卷特殊的可能性，如对输入的验证以及对不同问题的链接。

（4）验证调查问卷的功能以及保存的受访者信息，要符合所在地区的法律规定，如检查是否允许保存并使用 IP 地址。当使用到网络服务时，也需要对存放和处理数据的服务器进行检查。

（5）利用一小群用户或专家对调查问卷进行基本测试，这样可以找出可能的问题，从而避免在调查问卷推出后再进行修改。

在线调查问卷一旦发布，就不应再进行大量的修正，否则会对调查结果造成影响。

11.4　焦 点 小 组

面试通常发生在面试官和受访者之间。有时候在一个小组内进行调查会更有意义。这样的调查形式称为**焦点小组**（focus group）。焦点小组包括了未来系统不同的利益相关者，从 UCD 角度来看，对不同焦点小组进行调查是有意义的。例如，为了开发一个新的图书馆借阅系统，不仅应该调查图书馆的读者，还应对图书馆员和行政人员对于该系统的期望、需求进行调查。但为了消除相互影响，应根据优先级别分别对其进行调查。

小组当中经常谈到的是群组合作，而这点在单独调查中是看不到的。小组成员可以相互帮助以保证所有相关方面都可以讨论到。当然这也存在着一定的风险，并非每个人都会表达出自己的真实想法，他们可能依附于整个小组的普遍观点。为了减少这种效应，焦点小组一般由一位主持人进行引导。

有一些帮助工具可以对小组工作进行支持。例如，**CARD 系统**[②]由各种类型的地图组成，可以应用在讨论中，实现对某个组织的活动及信息流的可视化操作（Tudor et al., 1993）。小组谈话不应过于结构化，这样可以为全新观点的讨论留下自由空间。关键一点在于焦点小组的参与者要在小组的社交语境范围内来讨论其

---

① 例如，服务商 http://limesurvey.org. http://questionpro.com 以及 http://docs.google.com。

② 需求和设计的协同分析（collaborative analysis of requirements and design）一词的英文缩写。

观点。这样可以识别出简单面试中所不能识别的特定因素。通常会对焦点小组的面试进行视频和音频的记录以便于后续分析。后续可以针对焦点小组的单个成员所记录下的特定问题进行深入分析。

11.5 观　　察

有些活动无法通过面试或调查问卷来收集。特别是对认知和运动机能有所需求的异构结构的复杂过程，有关人员难以对其工作步骤进行完备的命名。在这种情况下可以通过**观察**来获取额外的信息。

观察可以在实验室控制环境下进行，例如，要求利益相关者模拟某些过程，一般来说在利益相关者熟悉的环境下进行实地考察更为有效，这也称为**现场研究**（field study，见 13.3.8 节）。现场研究也称为**直接观察**。与其相反的是**非直接观察**，即只对活动的结果（如日记条目或日志）进行后续分析。

直接观察的优势在于观察者可以通过个人记录和对记录下的音频、视频资料的后续分析来获得关于使用语境的信息。其劣势在于观察者的出现可能会使活动发生扭曲。因此必须首先弄清楚观察者是否受欢迎。例如，在公司内部引入新软件可能会引发争议性的讨论，现场研究就会不可避免地导致冲突的产生。现场研究应该计划良好、谨慎执行，并且基于以下问题为其部署结构化的框架（Rogers et al., 2011）。

（1）谁在什么时间点部署了何种技术？

（2）部署在哪里？

（3）达到什么效果？

以上关于角色、地点、对象和目标的问题还可以进一步细化。

（1）地点：物理地点的外观如何，如何才能对其进行划分？

（2）角色：最重要的人是哪些？他们扮演了什么样的角色？

（3）活动：角色实施了哪些活动？为什么？

（4）对象：能对哪些物理对象进行观察？

（5）行为：角色实施了哪些具体行为？

（6）结果：可以观察到哪些相关结果？

（7）时间：结果产生于何种序列中？

（8）目标：角色的目标是什么？

（9）情感：可以观察到哪些情感状态？

直接观察的特殊形式是**人种志学研究**。该方法可以应用于 UCD 的早期阶段并可追溯到 20 世纪初关于人类起源和发展的经典人种志学，随着人种志学的发展，该方法成为对陌生文化和行为方式的一种新的研究方法。观察者也称为人种学家，在较长的一段时间内会作为被观察社会的一员融入其中。例如，最著名的人种学家之一 **Claude Lévi-Strauss**（2012）曾经为了他的研究在亚马孙原始部落里生活了很多年，最后取得了开创性的成果。类似的方法可以应用于 UCD 中，观察者可以和利益相关者一起度过一段较长的时间。和现场研究不同，该方法不需要部署任何框架，观察者应该像 Lévi-Strauss 在亚马孙一样，不带入任何可能影响观察的假设。这样观察者可以逐步成为被观察族群中的一员，从而能设身处地地为利益相关者着想。人种志学研究可以后续和某种框架或其他观察方法相结合，从而实现对各种发现的记录。

　　当直接观察会对被观察者造成损害、不能执行直接观察或直接观察没有意义时，就有必要实施**非直接观察**。例如，当难以获取大空间范围内的用户语境时，观察者就得像私人侦探一样跟随利益相关者，但是这在时间和伦理上都是不现实的。在这些情况下就可以替换为基于（例如，植入智能手机应用的）电子日志的**日志研究**。这些应用很多都是带提醒功能的，可以在设置好的时间间隔内询问使用者关于语境和实时活动的信息。有些情况下还可以和地点识别相结合，这样就可以在特定地点问特定问题。这些在特定情景下对参与者有目的性的提问方法称为**体验采样方法**（Experience Sampling Method, ESM）（Reis and Gable, 2000）。从对恐惧者和成瘾者的治疗到智能手机隐私设置的研究，再到用户体验的整体记录，ESM 可以应用于很多不同的场景（Schneider et al., 2016）。

　　利用技术工具能获取利益相关者的交互及环境信息并对其进行记录。这些工具包括可以进行后续评价的一次性相机或小型数字记录设备。有一种特殊的工具称为**文化探索**，可以获取关于利益相关者的文化生活与环境信息，例如，在一个老年人生活状态的研究中，除了一个一次性相机，参与者还获得了其他工具如印有特定问题的明信片和标注有相关地点的一套城市地图（Gaver et al., 1999）。**探索**的概念自从 1999 年引入后得到了发展，可在传统观察方法遇到局限时使用该方法。

11.6　人物角色与场景

　　对产品相关对象（包括交互产品的未来用户、该产品的应用语境等）的理解应该在 UCD（图 10.1 双钻石过程的右半部）的延续中起到作用，并尽可能简单地为用户界面开发者所用。以上信息可以部分地通过报告、图片、视频和文本的形式加以记录，这样当开发者需要解决方法时可以求助于这些材料。更好的、更有利的肯定是对系统典型用户以及产品应用情景的描述。这样的用户描述称为**人物角色**（persona），典型的用户情景的描述称为**场景**（scenario）。这两种描述互相依存，因为用户始终是场景的一部分，而场景则表征为用户的活动。

　　人物角色是对虚构人物尽可能具象的描述。虽然人物是虚构的，但是他是利益相关者群体的典型代表。人物角色就像一张传单，上面除了名字、年龄外还应列出兴趣、偏好以及家庭情况等信息。除了这些一般性描述外，人物角色还应尽可能地给出一个整体印象，因此还应包含关于待开发产品应用的具体陈述以及关于用户界面设计的具体提示。人物角色帮助开发者在每个时间点去想象一下用户对于用户界面设计的改变会如何反应。人物角色可以帮助开发者更好地设身处地为用户着想。

示例：仓库员的人物角色描述

　　Matthias 今年 35 岁。他从 3 年前开始以生产倒班经理的身份在 Nil-Versand 公司的中央仓库工作。在此之前他曾作为仓库员为 Rhein-Versand 公司工作过 10 年。他有中学毕业证并受过轨道钳工培训，由于工资更高的原因进入了物流行业。他已婚，有两个孩子，一个十二岁、一个九岁。Matthias 爱玩电脑游戏，一部分业余时间在玩最新游戏中度过。出于这个原因，他的个人计算机始终保持着最新配置。他为孩子购买了家庭控制台 Wuu，他也经常一个人玩。Matthias 近视很深，但是运动机能不错，他是当地羽毛球协会的教练和运动员。他不会外语，他和妻子、孩子喜欢在德国旅游，很少去国外。Matthias 和同事的关系很好，在同事中声誉良好。他对公司里的技术革新持怀疑态度。

　　场景通过故事讲述对人物角色进行补充，用户在故事的不同场景下使用技术。场景不仅应用于 UCD，还普遍应用于软件开发和产品设计。它是成功设计的关键所在，在所有现代开发部门中都有应用（Alexander and Maiden, 2004）。场景的核心组成部分是故事，故事里通过人物角色对作为主要角色的未来用户进行详细描述。故事要尽量细节化还应该有一个合适的场景。与新产品的交互应该是具有代表性的、可扩展的，但在故事中所占比例不能过大。针对同一主人公的多个场景能帮助开发者从不同角度对未来产品进行评估，从而对用户界面做出相应调整。人物角色和场景应在 UCD 范围内被所有开发者所使用，同时也应通过开发过程得到调整和评估。另外还应该添加新的场景和人物角色，通过 UCD 中的原型系统评估可以获取新的知识。

示例：一个新型虚拟现实设备的场景

　　Matthias 所属的羽毛球协会的朋友在最近一次训练中很热衷于一款新型游戏眼镜 Okkultes Drift，所以 Matthias 就在 Nil 上订购了一副。他刚从邮递员那拿到包裹就立刻打开了，并对里面的东西进行了检查。眼镜比他想象的轻并且很符合他的头型。他发现使用这个设备时只能佩戴隐形眼镜，Okkultes Drift 的光学装置有条件地补偿他的弱视，但在使用 Okkultes Drift 时就无法佩戴他的常用眼镜。他在网上下载了最新的驱动程序后，计算机上的连接器才开始工作。可惜的是他最喜欢的游戏 Blind Craft 不支持这副眼镜，因此他测试时只能使用另一款游戏。眼镜良好的可见度令 Matthias 很着迷，而且使用 15 分钟后才有一点轻微的恶心，他觉得自己的购买决定是正确的。当 Matthias 正在玩第一个游戏时，突然有人拍他的肩膀。这是他的小儿子，他也想试一试这个眼镜，Matthias 就必须调整头型。只需要一个小小的调准就能把眼镜的尺寸调小，这样眼镜就不会从他儿子的头上滑落了。

练 习

1. 观察自己每天的作息规律。使用闹钟或智能手机的闹钟功能设定每 20 分钟一次的闹铃。记录您逗留过的地方、活动、出现的人、交互过的对象。一天结束后将所有活动、地点、对象和人都记录下来。讨论是否有什么惊人的发现。

2. 通过问卷调查来检查自己所选的某个网站的可用性。在两个调查问卷的答案类型的设计中分别使用利克特量表和语义差异（各 10 个问题）。讨论这两个调查问卷的优缺点。

3. 您所在的设计公司接到一个合同，要求开发一款可穿戴的 3D 电视设备。思考一下谁是这种设备的利益相关者，设计两个不同的人物角色，并为这种新设备的应用设计一个场景。

第12章 草图与原型系统

在设计、实现和评估（见第10章）的循环中有一系列交互系统的实现可能。在早期的概念阶段可以用如**画草图**的方式来实现图形呈现，在草图中只呈现最本质的内容，其余非本质的内容被有意识地省略。在后续阶段中可以对带有部分功能的**原型系统**进行评估，而原型系统同样省略了不重要的东西。除了可以加快设计的实现外，草图和原型系统还能对本质问题进行有针对性的简化和聚焦。

12.1 草图的属性

在绘画艺术中将简单的图形呈现称为**草图**（sketch）。这种呈现经常展示的是后续会得到细化的工作想法或概念，也可以是具有美观性的有意识简化的结果。例如，毕加索曾经完成一系列牛的抽象石版画，其中牛的特征只保留了最精华的部分（图12.1）。

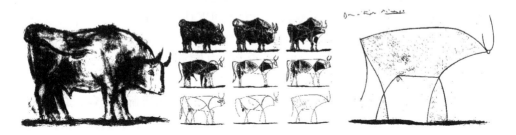

图12.1 毕加索石版画作品中牛的抽象画系列，该系列展示了由图像到原型的转变过程

草图的概念同样存在于其他创造性领域，如建筑、音乐以及数学画图证明等。这样的画图证明只涉及证明中最本质的步骤，并未执行所有的细节操作。专利说明书里同样包含关于技术结构呈现的有意简化的草图。有一个这样的草图就足够专业人士对证明的可行性和工作原理或结构进行评价了。正如**Bill Buxton**（2007）在人机交互领域对草图的参考标准所描述的，草图通常是一组属性的集合。

（1）草图的绘制至少在感觉上应是快速而廉价的。当需要草图时，它们总是能及时出现。

（2）草图最终是要被丢弃而不是保存的，但这并不意味着草图是没有价值的。

草图的价值存在于其所呈现出的功能，而非质量。如果在草图上投入过多心血导致最后舍不得丢弃，这就不再是草图了。

（3）草图通常不是单张的。大多数时候是一个集合或一系列变化的组合。

（4）草图的作用在于建议和探索，而非确定。在这一点上它和原型系统有着本质区别。

（5）草图是有意设计为多义的。草图、漫画家和观众之间的相互作用形成了新的想法：漫画家有意留出一定的诠释空间，由观众填充可能的诠释，而这种诠释可能是漫画家完全没有想到的。

（6）草图应用的是自身图形的语言和特征化的风格，例如，不总是使用直线或者在结尾处绘制破折号。呈现的手法有意识地传递出一种不精确性。

（7）草图呈现的是最低限度的细节信息以及最少的必要细节。其他和问题不相关的额外细节会降低草图的价值，有偏离其本质属性的风险。

草图有意识的不精确性非但不是缺陷，反而是一个积极的属性。缺失的细节可以由观众自行补充，由此既可以产生新的想法又不会被错误细节所干扰。草图也是多义的：用铅笔在纸上画的图形用户界面的草图会通过其图形结构而非配色方案而得以评价。

虽然草图是值得保留的，后续也可以利用草图对之前的想法进行回顾，但草图本质上是会被丢弃的。草图是从想法到实现的思维过程中的一个步骤，它对于最终实现方案没有应用价值，更多的是作为中间工具而存在。

12.2 原型系统的属性

相对于草图，**原型系统**表达了一个设计或结构的某些清晰的内容。原型系统实现了预期产品或系统的部分功能，可以对这些功能进行尝试。例如，自行车的原型系统可以由一些杆子和一个坐凳构成，如果是为了验证其功能，人还可以坐在上面。如果是为了验证骑行的功能，可旋转的轮子就很重要，而坐凳则可以丢弃。在原型系统中实现的功能可以是分散且不同的。

12.2.1 分辨率与保真度

原型系统的**分辨率**描述的是其实现的范围。如果只实现了预期系统很小的一部分（例如，只实现了开始界面），这个原型系统就是低分辨率的。如果实现了一大部分则原型系统是高分辨率的。这一术语由 Houde 和 Hill（1997）提出，但可能会有一些误导，因为人们经常将实现的范围称为功能范围或范围。该概念被引入交互设计领域。**保真度**（fidelity）描述的是原型系统和预期系统的近似程度。和所有屏幕元素的细节化描绘相比，布局粗略的纸质草图的保真度较低，而前者和所有颜色梯度都已确定的电脑拼图相比，其保真度较低。

原型系统的分辨率和保真度决定了它所适合的反馈类型。向用户展示某程序非常细节化的图形开始界面，可以收集到用户关于颜色、标题、用词等图形呈现的态度。如果展示给用户的是一个有功能的但没有图形界面的原型系统，例如，屏幕上只显示简单的掩码符号和虚拟文本的运行程序，用户可以回答很多关于服务过程的逻辑结构的问题。草图的细节程度应该针对具体问题来确定分辨率和保真度的正确组合。**Axure**[1]是一个广受喜爱的、用于设计**点击原型系统**（clickprototype）的工具。

12.2.2　水平和垂直原型系统

软件原型系统有两种常用的分辨率类型。如果展示的是一个程序的功能,如具有功能和子功能的树型结构，则这是**水平原型系统**，其呈现的是每个现有功能的菜单项。**垂直原型系统**展示的是界面的完整性，将某个功能在深度上进行了完全的实现。两者可以互相结合。

12.2.3　绿野仙踪原型系统

有时将期望系统的实际功能在原型系统里加以实现，在某些情况下甚至是完全不可能实现的，需要耗费太多的精力。此时可以通过人类助手来执行这些功能，只是看上去好像是程序执行的而已。与 **Frank Baums** 的《爱丽丝梦游仙境》故事里通过人类来操纵的魔术一样，这类原型系统也称为**绿野仙踪原型系统**（Wizard of Oz prototype）。

12.3　纸质原型系统

纸质原型系统（paper prototype）是一种常用的原型系统。这类原型系统由期望实现的屏幕内容的细节化程度不同的图组成，只不过是用笔在纸上画出来的。不同的屏幕内容通过不同的图得以实现。帮助者向尝试者展示开始页面，根据其输入的不同转换到相应的下一个页面。发生变化的不一定是整个屏幕，可以只是单个的符号、菜单或者对话框。这种形式的模拟在前台中展示了本质的操作流程。具体的图形实现可以在后台选择性地通过粗略图形来实现。当实现了很高的分辨率时，保真度可以相对低一点。纸质原型系统的一大好处在于可以对预料之外的输入或操作步骤做出快速反应，原型系统的元素只需要简单地用一支笔就可以加以补充。

---

[1]http://www.axure.com。

纸质原型系统可以用于基于屏幕的图形用户界面的开发，其对屏幕内容可以有很好的展示。纸质原型系统也非常适合于移动应用和设备（图 12.2）。最近人们发现了将这一类型的原型系统应用到新的交互范式如物理交互（Wiethoff et al., 2013）或**增强现实**（Lauber et al., 2014）中去的方法。智能手机应用 **PopApp**[①]展示了一个有趣的混合模式（图 12.3）。这个工具允许使用纸和笔画出移动应用的纸质原型系统，这个原型系统可以转换为移动设备上的**点击原型系统**。不同的屏幕内容可以用笔画出来，然后可以用移动设备上的摄像头进行拍摄。在拍摄过程中可以对点击区域进行定义，点击后可以跳转至其他（提前画好）的屏幕。这样经过数字化的纸质原型系统的屏幕上始终保持着期望的低保真度，但由于整个环境（设备的形式因素、在移动中操作）很真实，所以又有着较高的保真度。

图 12.2　移动设备上的纸质原型系统（此处不只是屏幕内容，整个设备都被实现为原型系统，这样按钮与开关可以得到简单展示）

[①]https://marvelapp.com/pop。

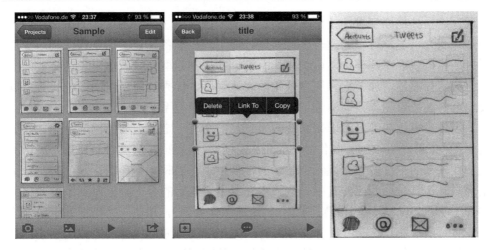

图 12.3　PopApp：一个能在智能手机、平板电脑和可穿戴设备上实现纸质原型系统的工具

延伸阅读：能被丢弃

　　纸质原型系统一个非常突出的属性是只需要很小的开发团队，开发者还可以同时对原型系统进行测试。更为重要的是纸质原型系统并不需要编程。因此开发者并不会将画出的屏幕当作期望系统已实现的组成部分。不需要对程序代码进行重用，因此开发者不需要花费几天的时间在编程上，只需要花几个小时精力在绘制上即可。如果用户测试的结果是批评性的或负面的，至少开发者在情感上会感觉轻松得多，可以把这个糟糕的想法丢弃掉，转而寻找其他的解决方案。但如果是一个已经部分编程实现的原型系统就会麻烦得多。

12.4　视频原型系统

　　视频原型系统（video prototype）是一种新型的原型系统。当今许多交互系统都是在移动过程中使用的，交互发生在各种日常情景中。单独使用纸质或软件原型系统通常无法呈现出如此丰富的环境。视频原型系统如同一个电影序列，它在预期场景内对交互系统进行展示，和 11.6 节介绍的**场景**有些类似。用什么方式对相关系统进行展示通常并不是那么重要。例如，移动电话上的屏幕内容并不重要，但它的整个操作流程需要展示于前台，此时移动电话可以简单地用一张纸来模拟。当需要呈现屏幕内容时，视频原型系统中也可以使用到纸质原型系统。

　　视频原型系统的优点在于时间维度上的呈现。它可以自动地、良好地展示时间维度上的操作过程。通过时间缩放（慢动作、延时）或剪辑、叠化等电影表达方式可以呈现很短或很长的时间范围。长达数月的交互可以在短短几分钟内得以呈现，这是其他原型设计技术不可能实现的。技术上（尚）不可能的事情在电影中都能变为可能，可以通过一些特效进行加工。在准备好相关场景后，利用一部手机或相机就能在几分钟之内制成一个简单的视频原型系统。电影表达方式的专业化应用自然地增加了视频原型系统的表达强度。优秀的剪辑连同标题、旁白以及一个好的故事脚本共同构成了一个优秀的视频原型系统。

　　视频里表达的都是对未来系统的愿景。一个有一定知名度的例子是 SUN 公司于 1992 年（图 12.4）制作的 Starfire 视频①。该视频（从当时的视角）展示了人们在未来的工作场景。视频中展示的很多技术在当时并不存在，即使在实验室里也只是初具雏形而已。其中一些技术在二十多年后的今天早已得到了商业化的实现（视频会议、屏幕上的协同工作、快速图像处理），其他一些仍旧处于研究阶段（曲面显示屏）或者还完全没有实现。Starfire 视频通过优秀的方式展示了交互技术如何与工作环境和故事讲述行为相结合从而创造出一个可信的故事。

图 12.4　1992 年 SUN 公司 Starfire 的视频原型系统中的场景，它用当时的视角对未来（2004 年）生活和工作的场景进行了完整细致的展示

练　习

　　1. 设想自己是一名学生，请构思一款可以组织聚会（包括邀请函的管理、驾

①http://www.asktog.com/starfire。

驶员的确定、饮料消费登记等功能）的手机应用。为该应用设计一个纸质原型系统。

2. 使用上题中涉及的纸质原型系统来制作一个视频原型系统。其中应将最重要的功能在实际交互场景中加以展示。时间限制为几小时，请使用简单熟悉的工具如智能手机上的摄像头。

3. 基于上述纸质和视频原型系统设计一个点击原型系统，工具可自由选择（如 PopApp 或 Axure）。

第 13 章 评 估

计算机领域有各种可以对计算机系统或软件进行评估的标准。处理器一般是通过其计算能力（偶尔也通过其能源效率）加以评估。算法质量的衡量标准是其存储空间或执行行为，软件则是通过其开发的健壮性和无错性来进行评估。当人们研究交互系统时，必须考虑到人与机器之间的相互作用（见第 1 章）。除了健壮性和效率之外，人对系统可用性的评价是核心标准。但人不是技术装置，很难让他们客观地进行衡量和评价，现有的各种技术也各有优缺点。

13.1 评估的类型

13.1.1 构成式与总结式

首先我们可以根据应用目的对不同类型的评估方法进行区分：**构成式评估**（formative evaluation）针对的是开发过程。它从时间角度对设计决定做出评估，其结果对后续的设计决定有一定的影响。概念想法的构成式评估可以在双钻石过程（见第 10 章）的左半部中执行。**总结式评估**（summative evaluation）是对开发过程的结果总结。它是对一个或多个设计决定的最终评估。为了对达到的质量进行验证，总结式评估一般是在大型项目的后期执行（双钻石过程的右半部）。以用户为中心的设计（**UCD**）的开发过程是迭代执行的，由概念、实现和评估的连续循环所组成，因此在实际应用中很多评估方法都结合了构成式与总结式的特点：原型系统的评估在很多情况下都可以为其后续开发带来新的启示。

13.1.2 定量与定性

对不同类型的评估方法进行区分的另一个维度是其结果类型：**定量评估**（quantitative evaluation）的结果是可以量化的，即结果可以用数字来表述。衡量标准可以是执行时间或错误类型，也可以是能进行有意义计算的数值评分。调查问卷里通过如**利克特量表**评分等获取到的数据（见 11.3.2 节）不属于这类数据。但是可以找到很多研究这类数据平均值的参考资料。

定性评估（qualitative evaluation）的结果是不可量化的陈述。例如，面试或调查问卷中用户自由陈述的评论或者用户观察过程中做的笔记。定性评估和定量评估相互补充：定量评估可以进行统计评价，可以得到弹性的、公认的结论，定性评估则是对研究全景的完善。在用户的评论和观察中总是会发现有趣的细节和信息，而这是通过单纯的数值数据所无法得到的。

13.1.3　分析式与经验式

区分评估技术的第三个维度是其使用的基本方法：**分析式评估**（analytic evaluation）对所分析的系统的工作方式、组成部分或属性进行观察和厘清。**经验式评估**（empirical evaluation）只处理系统的操作结果，并不对该状态是如何形成的进行观察。经验式方法的典型例子是本章后续部分将会介绍的受控实验。**Michael Scriven**（1967）对二者的区别做了如下描述：当人们想对一把斧头进行评估时，可以对其进行经验式的分析，探索出斧头是钢的、手柄是木头的以及斧头的平衡性和刀刃的锐度如何。人们也可以选择经验式的方法，衡量斧头在一个有经验的伐木工手中是如何满足他的意图的，以及在规定时间内他能伐倒多少树木。分析式和经验式评估（如同定量和定性方法）是互补的。经验式探索可以找到关于两个系统性能差异的科学的、弹性的陈述，而分析式方法可以得到可能的解释：没有合理解释的结果其价值是有限的，当实际应用中所观察到的行为中未发现这样的结果时，科学的分析是不会使用这样的结果的。接下来的章节将介绍不同类型的典型评估方法。

13.2　分析式方法

分析式方法的最大好处在于理论上不需要真正用户的参与。因此很适合用于对概念特别是需要保密的概念的快速、低成本评估。当然它有一个明显的风险就是找到的问题只是所使用方法的产物，而并非来源于后续真正的用户。

13.2.1　认知过程走查法

认知过程走查法（cognitive walkthrough）对虚拟用户与系统的交互进行一步步的模拟，在此过程中记录下出现的问题。一方面必须对虚拟用户进行精确的表征（如通过人物角色，见 11.6 节），另一方面应该对要实施的行为以及需要达到的目标进行精确指定。然后对想象中用户会执行的步骤进行顺序模拟，前提是假设用户始终选择的是最简单或最明显的路径。每一步中提出的问题都是基于目标导向的行为模型（见 5.3.1 节）。

（1）对应于某个结果的正确动作是否足够清晰？用户知道下一步该做什么吗？

（2）正确动作能被清晰地识别出来吗？用户能找到它吗？

（3）用户在执行了动作后得到了关于动作是否成功执行的有效反馈了吗？

在行为的模拟执行过程中需要对每一步中出现的潜在问题及其来源进行记录并附上相关的观察结果。这样在评估结束时就会得到一个根据难度排序的潜在问题列表，这些问题会在新版本系统里得以解决。该技术得到的结果的质量取决于对虚拟用户的模拟程度，以及测试者是否在每个步骤中对用户的先验知识和考虑有正确的理解。因此对用户的精确表征是非常重要的。

13.2.2　启发式评估

Jacob Nielsen 把启发式评估（heuristic evaluation）当作**简化可用性**（discount usability）方法加以引入。根据 Jacob Nielsen 的十个**启发**，该方法形成了一种较强的分析式评估法。

（1）系统状态的可见性：系统应该始终通过即时的、适当的反馈通知用户刚刚发生了什么。

（2）系统和真实世界之间的匹配：系统应该使用用户的语言以及他信任的形式，而非技术性的概念。系统应遵守真实世界里的设计惯例并对信息进行逻辑化的、可理解的排序。

（3）用户控制和自由：用户经常选择预期之外的系统功能，因此应该能从非预期的系统状态中找到简单的、可辨认的出路。**Undo**（撤销）和 **Redo**（重做）是两个典型的例子。

（4）一致性和标准：用户不应该就不通的词汇、情景或动作的含义发问。平台应该遵循常见的设计惯例。

（5）防止错误：相比于防止错误，一个细致的界面设计应该完全不会产生错误。当确实有不该发生的错误发生时，在可能有错的输入之前应该提供一个确认对话框。

（6）识别优于回想：用户的记忆负荷导致记忆中可见和可识别的对象、动作及备选项是有限的（见 3.1.2 节）。用户不应该将对话步骤中的任何信息存储于记忆中。操作帮助应该始终可见或者至少是容易被发现的。

（7）使用的灵活性和效率：快捷方式和键盘快捷键对于新手而言通常是陌生的，但是可以帮助专业用户完成快速高效地完成操作。这样系统就可以同时适应新手和专业用户（**灵活性**）。

（8）美观及最小化设计：对话不应包含不相关信息或只应包含少量必要信息。非必要信息会和必要信息竞争用户的注意力从而降低相关信息的相对可见性。

（9）帮助用户识别、诊断并从错误中恢复：错误信息应该使用简单语言并且不应包含任何代码，应该对问题进行准确定义并且建设性地推荐可能的解决方案。

（10）帮助和文档：虽然系统在理想情况下不需要任何文档也是可以操作的，但有些时候提供帮助还是有必要的。应该很容易就能找到帮助和文档并且能够对其进行搜索。它们应该具有可操作性，聚焦于用户任务、展示具体的操作步骤。

在启发式评估的过程中，会根据待评估系统的表现在一个具体的自评量表中对上述一般性标准进行验证。例如，在一个网站的评估中，对于启发（1），即系统状态的可见性的评估需要回答下列具体问题。

①在每个页面上是否都能识别当前在整个网站所处的位置？

②每个页面都有一个有意义的标题吗（如书签的使用）？

③能很清楚地识别每个页面的意义和内容（如产品信息、广告、评论、收益、关于我们）吗？

利用这个具体的自评量表可以对待测系统一步步地进行系统探讨。由于每个标准都在自评量表中得到了清晰的定义，所以对于系统每个组成部分的探索不一定都得用到可用性专家。但从普通启发中推导出具体标准则需要用到可用性专家的专长。启发式评估存在一定的风险，可能会找出很多有问题的细节，而这些细节后续在用户看来可能完全不是问题。因此从启发中谨慎地推导出具体标准是很重要的。

这种方法的主要限制在于 Jacob Nielsen 的十个启发。它们并非适用于所有可以想到的语境。例如，关于美观及最小化设计的启发对于西方文化圈来讲是很清楚的，而且也是符合当代风格感觉的，但是在其他文化圈中如印度和中国就得替换为其他标准（Frandsen-Thorlacius et al., 2009）。识别优于回想的启发适用于效率优先的情形，但在有猜谜元素的游戏里却会引起负面效应。另外，对于儿童等其他用户群体而言，他们并不清楚每个启发的权重。

Jacob Nielsen 在其启发式评估[①]的研究中提到了一个有趣的关于评估者人数考虑：假设没有评估者的工作是完美的，评估者只能找到一部分错误。Jacob Nielsen 描述了发现的错误总数如何随着评估者人数的增加而上升并且渐进地收敛于 100%。但从另一方面来看，开销（特别是成本）则随着评估者人数的增加而线性上升。我们将效率看作收益和成本之商，因此所需的评估者人数相对较小，如四、五个就足够了（图 13.1）。

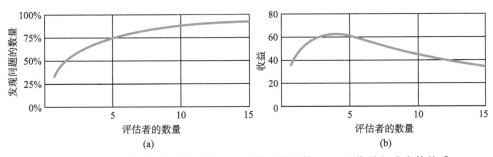

图 13.1　（a）发现问题的数量取决于评估者的人数和（b）收益与成本的关系

①http://www.nngroup.com/articles/how-to-conduct-a-heuristic-evaluation。

13.2.3　GOMS 与 KLM

关于使用键盘和鼠标的屏幕交互的分析式描述模型有 1983 年的 **GOMS**（Goals, Operators, Methods, Selection rules）（Card et al., 1983）和 1980 年的按键级别模型（Keystroke Level Model, **KLM**）（Card et al., 1980）。在 GOMS 中，人的交互通过**目标**、**操作符**、**方法**和**选择**规则加以描述。目标主要是通过各种方法来达成的。每个方法又由一系列操作符组成，需要在所有可能的方法中设定选择规则。这样交互过程可以得到层次化、结构化的处理和分析。GOMS 为执行过程提供了从上至下的透视方法。

按键级别模型采取的是另一条从下至上的路径：它描述了按下某个按键或从键盘切换到鼠标等基本操作所需的时间。Card 等实验性地通过一张表格确定了这些操作所需的平均时间，如果一个复杂动作的精确操作序列是已知的，其执行所需时间即为预测值的简单求和。他们列出了五种不同的基本操作（同时给出了相应的平均时间）。

（1）K（keystroke）：按键，图书管理员按下某个按键所需时间平均约为 t_K=0.28s。

（2）P（pointing）：指向，实验中用鼠标指向屏幕上某个位置所需时间平均约为 t_P=1.1s。

（3）H（homing）：返回，实验中在键盘和鼠标之间切换所需时间平均约为 t_H=0.4s。

（4）M（mental preparation）：心理准备，实验中对后续操作的心理准备所需时间平均约为 t_M=1.35s。

（5）R（t）（response time）：系统反应时间 t，系统的反应时间为 ts。

现在我们来观察用户是如何删除数据的，假设在这期间其双手位于键盘附近。在图形用户界面中有下面两种方法可以达到这个目的。

（1）M1：切换到鼠标，将鼠标光标移至数据处，单击数据，将其拖动至回收站并释放鼠标，切换至键盘。

（2）M2：切换至鼠标，选择数据，切换至键盘，按下回车键。

相应的执行时间可以计算如下：

$$T_{M1}=t_H+t_P+t_K+t_P+t_H=0.4+1.1+0.28+1.1+0.4=3.28s$$
$$T_{M2}=t_H+t_P+t_H+t_K=0.4+1.1+0.4+0.28=2.18s$$

以上计算结果显示 M2 方法更快一些，它使用了键盘快捷键从而节约了时间。通过这种方法还可以对尚未实现功能的原型系统的复杂交互进行分析。KLM 使得交互功能在完全没有实现之前就能得到纯分析式的评估，但前提是使用这种分析方法时用户的交互是无错的，而且这个用户还应该是一个普通用户。尽管计算机工作区已经尽可能地保持简洁了，但对于当今多样化的交互形式而言 KLM 变得越来越过时了。以家庭娱乐为例，环境的改变与分心等因素使其无法再进行建模了。

13.3 经验式方法

所有**经验式**评估方法都是通过**实验**、**观察**或者**提问**来实现数据的检验或其他形式的数据收集的，然后再基于此做出科学的陈述。经验式和分析式的评估是互补的：通过经验式方法可以发现有一个事实出现了，分析式方法则可以告诉我们为什么（Scriven，1967）。Field 和 Hole（2003）对科学实验的设计、评估和呈现进行了全面的概括。经验式研究的科学陈述有一定的质量评价标准。

（1）**客观性**指的是获取到的数据不应该依赖于特定的检验方法或者实验者的期望与假设。时间和距离可以进行客观测量，但是关联和经验则难得多。

（2）**可再现性**指的是研究方法应该尽量精确地描述，这样其他研究者可以再现实验并得到相同的结果。

（3）**合法性**指的是这样得到的结果只对应该测量的数据进行精确测量（**内在合法性**）并且具有普遍性（**外在合法性**）。例如，想要根据大脑的重量来衡量智力水平，这就不满足内在合法性。又如，在所有实际驾驶行为的研究中如果只选择 18 岁的被试者，则研究结果不具备外在合法性。

（4）**相关性**指的是结果确实传递了新的有用的知识。一个研究即便是客观的、可重现的、合法的，但得出的结论是水往低处走，则不具备真正的相关性。

在介绍各种经验式方法的设计与评估之前，有必要首先对一些重要的概念进行解释。

13.3.1 变量和值

我们在经验式研究中检验或使用的数据或特征称为**变量**。由环境决定的或受实验者控制或有意识使用的变量称为**自变量**（independent variable），自变量不依赖于所观察的过程。作为研究结果加以检验并依赖于所观察过程的变量称为**因变量**（dependent variable）。例如，假设我们想要检验工作环境对教科书的写作速度的影响。我们感兴趣的工作环境是办公室以及家里的写字台。自变量"环境"就有"办公室"和"家"这两个可能的取值。被观察过程是教科书的写作。我们检验的因变量是"写作速度"（每天所写的页数）。现在我们对不同类型的数据进行测量或控制。

（1）**定类数据**（nominal data）定义的是不同的类别，类别之间不可排序。例如，大洲的名字、足球俱乐部或者之前提到的工作环境等。

（2）**定序数据**（ordinal data）可以进行排序，但是对其进行计算是没有意义的。例如，区号、联赛中的名次或者在线购物的评分。

（3）**基数数据**（cardinal data）给出的是数值，可以进行有意义的计算。离散数据只能取某些固定的值，而连续数据可以取所有可能的中间值。例如，一个家庭的孩子总数始终是一个非负的整数，而身高在有限范围内可以取任意值。这两种数据都可以进行有意义的计算（例如，身高翻倍、孩子人数翻倍）。

在后续章节里会看到，使用的数据类型对后续结果的处理和呈现有着决定性的影响。

13.3.2　被试者

经验式研究的参与者称为**被试者**，被试者的挑选决定了研究的**外在合法性**。每个被试者都可以被表征为年龄、性别或受教育程度等**人口学数据**。因此可以根据研究内容提出更多的重要标准，例如，对于研究设备的经验、惯用手是右手还是左手、视力等。被试者的挑选（**样本**）应当尽可能地代表被研究的整个目标群体（**总体**）。例如，想要开发一款老年人电话并对其原型系统的服务性进行验证，选择 20 岁的学生作为被试者就是毫无意义的。因为这样的研究结果只适用于年轻人，无法代表老年人群这个实际目标。在大学里很多经验式研究都将学生作为被试者，得到结果的可信度常常受限于这个子群体，因此这成为了学术界一个主要的批评点。关于所需被试者的人数并没有普遍规定。如果人们想得到统计可用的结果，则被试者越多越好。但是时间和花销等研究成本也会随之增加。实际通常根据实验设计来确定被试者人数。例如，如果想要对自变量的四个不同取值进行比较而每个被试者只能测试其中一个取值，则被试者人数应该是四的倍数，这样每个值都可以被相同人数的被试者所测试。人机交互领域中的被试者人数通常相对较小，一般为 10～50 个，刚好足够取得统计可用的结果。在心理学和医学领域里被试者的人数则大得多。

在招募被试者时，正确地取得他们的同意是很重要的。应该向他们解释研究的是什么，当然也不能暗示想要获得的结果。另外还应知会他们可以在任意时刻停止参与、他们的数据是完全保密和匿名的并且只用于该研究。这样的知情解释在网络上能找到很多，更多相关信息一般可以咨询各大学的伦理委员会。

13.3.3　观察研究

观察研究（见 11.5 节）是经验式研究的一种简单形式。在对过程的观察中不对过程进行选择性的干预或者对自变量进行控制。相反地，会给被试者分配因变量的不同取值，被试者属于哪个取值是自然选择的结果。例如，某学期里有 108 个学生参加了"人机交互 1"这门课程。其中有 50% 的学生自愿参加了练习课。自变量"参加练习课"就有两个可能的取值"是"和"否"，每个取值各有 54 个被试者。在学期末的考试中检验因变量"成绩"，结果显示参加了练习课的学生的成绩比没有参加练习课的要高。根据适当的统计评价可以推导出"参加练习课"和"成绩"之间有**关联性**。但这并不是一个真正的受控实验，只能称为**准实验**，因为自变量"参加练习课"并未受实验者控制，而是由被试者的自由行为决定的。

可惜的是这样推导出的**关联性**并不能说明任何**因果关系**，因此成绩有可能不单单取决于是否参加练习课，这两者还和第三个变量**混淆变量**（confounding variable）"兴趣"相关，它描述了被试者的状态，其取值为"感兴趣"或"不感兴趣"。在这种情况下感兴趣的学生就会参加练习课，并且出于兴趣（而非练习）对学习资料会有更好的理解从而在考试中取得更好的成绩。在这个例子中取得好成绩的原因在于学生的兴趣，而非参加练习课。可惜的是观察研究无法区分这两种不同的情况。通过一个简单的修改就能将这个准实验变成真正的受控实验。

13.3.4　受控实验

在接下来的学期里又有 108 个学生参加了"人机交互 1"课程。其中 50% 的学生被随机选中参加练习课，剩余的不参加练习课。自变量"参加练习课"同样还是有两个可能的取值"是"和"否"，每个取值各有 54 个被试者。在这种情况下，被试者属于哪个取值是随机决定的，因此我们可以认为"感兴趣"和"不感兴趣"的学生是平均分配在这两个取值里的。在学期末的考试中我们检验因变量"成绩"，结果显示参加了练习课的学生的成绩比没有参加练习课的要高。通过随机分配可以消除"参加练习课"和"成绩"所依赖的第三个变量"兴趣"的影响。这个例子显示了实验设计的精确构建何其重要。所有相关的自变量均受到控制的实验就称为**受控实验**。

在实验开始时人们会提出一个通过实验想要证实的科学**假设**（hypothesis）。上述例子的假设如下。

H：参加了练习课的学生在考试中取得了更好的成绩。

为了证明该假设，我们一般会这样处理：当人们无法精确预测平均值的差异大小时，人们会通过反驳假设的反方来证明假设的成立，而这个过程是不依赖于差异大小的。假设的反方称为**零假设**（null hypothesis）。

H_0：参加了练习课的学生和没参加练习课的学生在考试中取得了相同的成绩。

已经证明上述零假设是不成立的，在实验中已经证实存在着非随机形成的差别，因此可以通过实验中分配的取值来查看区别有多大（**效应量**，effect size）。接下来必须定义好实验中要完成的**任务**。例如，想要对两种文本输入法进行比较，则一个有意义的任务为输入一段预设文字。如果想要对在线购物网站的效率进行验证，则一个有意义的任务为购买某物。在这两种情况下花费的时间和错误数量即为**因变量**。对于上课例子而言，实验任务就是在考试中答题，而取得的成绩则为检验结果。

为了反驳零假设，应该进行适宜的**实验设计**。其中需要定义自变量和因变量、各种**实验条件**以及在被试者中的分配。前面例子中的两种实验条件为变量"参加练习课"的两个可能的取值。如果还有其他自变量，则可能的实验条件为这些变量取值的所有可能的组合。例如，如果想要在三个不同的专业中研究练习课参加者的成绩情况，则另一个自变量为专业，假设其取值为人机交互、分析学、几何学。这样就形成了 3×2=6 种实验条件，如表 13.1 所示。

表 13.1　6 种实验条件

专业	人机交互	分析学	几何学
参加练习课	条件 1	条件 2	条件 3
不参加练习题	条件 4	条件 5	条件 6

现在可以决定每个被试者是否执行所有实验条件（**受测者内设计**，within-subjects design），或者每个被试者只执行某一个实验条件然后在不同组之间进行比较（**组间设计**，between-groups design）。前面例子中使用的是组间设计，否则每个学生对于相同的课程必须听两次，这在实际生活中是没有多大意义的。另外，该研究只持续了一学期，否则还需要对其他 6 个学期进行研究。总的来讲，需要较多的被试者，但是本例中的被试者人数 $n=108$，我们为 6 个实验条件分配合理人数，这样每个条件都有 18 个被试者。

如果被试者要执行所有实验条件，则实验条件的执行顺序就很重要。例如，如果条件 1 始终先于条件 4 出现，那么不管有没有参加练习课，学生第二遍听"人机交互 1"课程后所取得的成绩总是会高一些。这称为**学习效应**（learning effect），虽然在学习中这个效应是受欢迎的，但在受控实验中则会带来干扰。另外还会出现**疲劳效应**（fatigue effect），即学生在听第二遍课程时会感到无聊或疲劳，从而导致取得的成绩较低。这两种效应都是由于没有对实验条件的顺序加以变化所造成的。因此可以对顺序进行随机化，当被试者人数很大时就可以消除上述效应。当被试者人数较少时，可以适当地进行系统性的（**均衡化**）操作。例如，对所有可能的序列进行排列。上述例子中就有 6！=6×5×4×3×2×1=720 种可能组合，需要的被试者数量应为 720 的倍数。但这在很多情况下是不现实的，因此经常用**拉丁方**（latin square）来代替：所有条件成对出现在每个组合里的次数是一样的，并且每个条件在每个位置上只出现一次。针对上述示例的拉丁方如表 13.2 所示。

表 13.2 拉丁方

条件 6	条件 1	条件 5	条件 2	条件 4	条件 3
条件 5	条件 6	条件 4	条件 1	条件 3	条件 2
条件 2	条件 3	条件 1	条件 4	条件 6	条件 5
条件 1	条件 2	条件 6	条件 2	条件 5	条件 4
条件 4	条件 5	条件 3	条件 6	条件 2	条件 1
条件 3	条件 4	条件 2	条件 5	条件 1	条件 6

这样可以将 6 个实验条件均衡化为 6 个不同的序列，从而消除由执行序列引起的错误来源。对于被试者人数 $n=108$ 的情况，有 18 个被试者会执行相同的条件序列。

13.3.5 结果呈现

在实验执行过程中会对因变量进行测量并记录在一张大的表格里。这样就得到了实验条件、被试者和测量值之间的映射关系。在上述例子中即为成绩单。组间设计的其中一张表是人机交互专业的所有考试参加者、他们的成绩以及是否参加了练习课。根据数据类型的不同，处理和呈现方法也不一样。

对于定类和定序数据的呈现可以使用直方图。直方图里可以呈现每个值出现的次数。对于定序数据，直方图中相应的顺序传递着值的有意义的次序。例如，"人机交互 1"考试成绩采用的是通用的 1.0～5.0 的分数等级*，这样可以形成一个**直方图**（图 13.2（a））。需要注意的是，这里的分数等级并不是量化数据。而实际取得的分数则是量化值，可以据此做出"A 学生的成绩比 B 学生高一倍"的陈述。量化数据也可以分割成不同类别进行表示，如对其进行取整。这种新兴类别的分布情况同样可以用直方图加以呈现，相应的摘要信息有助于发现其他的关联性。当只有少量数据需要呈现时，传统的直方图会占用很多不必要的空间，因此可以将分布表示为节约空间的水平柱状图（图 13.2（b）和图 13.2（c））。如图 13.3 所示，对于特殊的**利克特量表**（见 11.3.2 节）可以利用在线工具快速、简单、一致地生成这样的水平柱状直方图（见 13.3 节）。

收集到的数据可以通过描述性统计学的方法进行总结和比较。例如，一组数据（5,5,2,5,4,5,5），为了将这组数据减少为一个可比较的值，可以根据数据类型采用如下方法。

（1）对于定类数据使用**模**（mode）：模是一个数字序列中出现最为频繁的那

---

*德国的成绩系统通常使用 1.0～5.0 来表示成绩等级，其中，1.0 代表优秀，2.0 代表良好，3.0 代表中等，4.0 代表及格，5.0 代表不及格。——译者

个数，在上述例子中就是 5。这种方法的主要问题是有可能有多个数的出现频率是一样的。例如，在图 13.2 所示的数据集中 2.0 和 5.0 出现的次数是一样的。这样就有两个模，这种情况称为**双模分布**。

（2）对于定序数据可以额外使用**中值**（median）：首先将数值序列按升序排序（2,4,5,5,5,5,5），然后取中间位置的值为中值，这里取 5 为中值。对于数值数量为偶数的序列可以取中间位置的两个值的平均值作为中值。和平均值相比，中值对于**离群值**（对统计结果有很大影响的单个值）的健壮性更好。

（3）对于基数数据可以额外使用**平均值**（mean）：一个数值序列 $x_1,\cdots,x_n$ 的（算数）平均值可以记为 $\dfrac{1}{n}\sum\limits_{i=1}^{n}x_i$。在上述例子中平均值为 31/7=4.42。

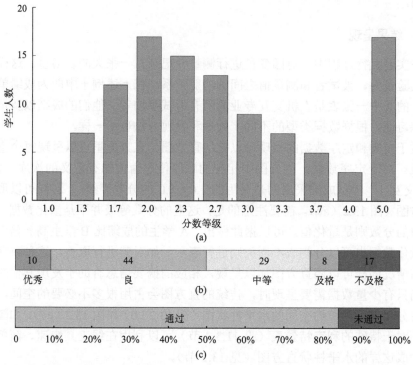

图 13.2 定序数据的分布的直方图呈现：（a）某次考试成绩的三级划分，（b）整个分数等级，（c）通过/未通过（（c）可以看到百分比，（a）可以看到绝对的学生人数，所有图均基于相同的数据）

当然，在对数值序列的上述总结中会丢失一些信息，例如，序列（1,2,3,4,5）和序列（3,3,3,3,3）的平均值、中值和模都是 3。但是第一个序列中的数值之间的差异大得多，距离平均值的偏离程度也更大。一个数值序列 $x_1,\cdots,x_n$ 距离平均值的偏离程度可以用**标准差**（standard deviation）σ 来表示，标准差可以通过以下公式计算得到，其中 $\bar{x}$ 表示该数值序列的算数平均值：

$$\sigma = \sqrt{\frac{1}{n}\sum_{i=1}^{n}(x_i - \bar{x})^2}$$

序列（1,2,3,4,5）的标准差是 $\sqrt{\frac{10}{4}} = 1.58$，而序列（3,3,3,3,3）的标准差是0。这样就可以看到第一个序列中的数值之间的差异要大一些。在统计评估中经常通过误差线的形式对标准差进行显性的图形呈现（图 13.4）。

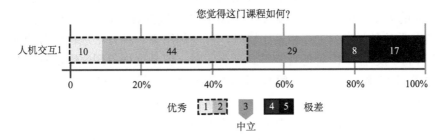

图 13.3   利克特量表对结果的柱状图呈现，由 www.likertplot.com 生成

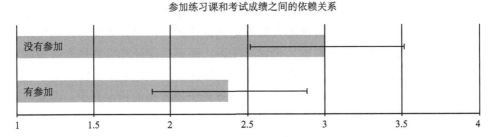

图 13.4   通过平均值对一个数字序列进行聚合呈现，其中使用误差线来表示标准差

13.3.6   统计评估

为了获取具有科学意义的陈述，我们需要了解一个归纳式统计学的概念：统计**显著性**（significance）。当获得的两个数值之间的差异是由偶然因素造成的概率小于某个定值时，这两个数值之间的差异可称为是统计显著的。这个定值称为**显著性水平**（significant level），大多数情况下设置为 5%（$p=0.05$）。任何情况下的统计评估都应该设定显著性水平。目前有很多方法可以进行概率计算，而这些方法适用于不同的情况。在最简单的情况下，只对两个数值序列进行相互比较，使用 **t 检验**（t-test）即可。如果这两个数值序列来自于不同的被试者（**组间设计**），则需要为独立样本采用特殊的 t 检验（**双 t 检验**，double t-test）。如果序列来自相

同的被试者（**受测者内设计**），则应使用**配对样本 t 检验**（dependent t-test）。如果其概率 $p<0.05$，可以认为这两个数值序列之间的差异并不是偶然形成的，而是由于实验中自变量的变化造成的（前提是在实验设计中没有犯任何其他错误）。我们来回想一下 13.3.4 节中介绍的**假设 H** 和它的对立面**零假设** H_0。

　　H：参加了练习课的学生在考试中取得了更好的成绩。

　　H_0：参加了练习课的学生和没参加练习课的学生在考试中取得了相同的成绩。

　　若 t 检验得到的概率 $p<0.05$，这说明两个实验组之间的差异是偶然形成的，因此拒绝零假设 H_0，从而也就证实了假设 H。除了两个平均值之间的差异，还可以对差异的大小（**效应量**）进行解读，对图 13.4 的数据集而言，其效应量约为 0.7。

　　当需要对多个序列进行相互比较时，可以利用第一种方法进行成对验证，看看对两个序列进行 t 检验是否能得到显著区别。但是这样得到的错误概率会比设定的**显著性水平**高，因此一般使用的是另一种方法。**方差分析**（Analysis of Variance，**ANOVA**）可以在 $n>2$ 的情况下检验多个数值序列之间是否存在显著性差异。根据实验设计的不同，对应的方差也不一样。复杂实验设计的统计评估可能会很复杂，超出了本书的范围。针对进阶学习建议参加统计学课程或阅读 **Andy Field** 等（2003）的著作。受控实验的执行方法来源于统计学并且已在心理学、医学以及社会学等其他领域得到了长期的应用。和上述领域相比，人机交互领域的实验规模尤其在时间维度和被试者人数方面通常比较小。尽管如此，还是可以帮助我们对计算机的操作进行科学、可靠的陈述，而不是像计算机其他专业领域那样偶尔简单地通过品味或美感等主观因素来进行评价。统计学显著性证明了相对于使用系统 B，用户使用系统 A 完成相同任务更快或者犯的错误更少，因此可以科学地证明系统 A 的效率更高。

13.3.7　实地研究与实验室研究

　　很多交互类型都可以在实验室里进行研究，例如，想要对个人计算机上的某个用户界面的操作速度进行检验，可以在实验室房间内安装一台这样的计算机，隔绝噪声等其他外界干扰因素或引起分心的其他来源，保持亮度、房间温度、每天的工作时长等环境参数不变，这样就可以对某个任务的执行时间进行可比较的、可重现的检验。如果后续的操作环境和实验室环境没有本质差别或者差别对于所有被测系统的影响是相等的，那么这样的**实验室研究**就是有意义的。

　　举一个反例：我们在实验室里对两种文本输入法进行比较，发现方法 A 比方法 B 快，但是方法 B 对于中断的健壮性更好。在这种情况下到底哪种方法更适合完全取决于后续的用途：在无干扰的环境中使用方法 A 更为合适，在有干扰的环境中（如在车内或在地铁里）可能方法 B 更为适合。实验室可能对后续的环境条件模拟得太过完美，例如，要求用户必须完成**次要任务**（secondary task）（见 3.5.3

节），在本例中可能是对有规律出现的干扰所做出的反应。在很多实际情况下则完全无法在实验室中进行模拟或预测。

在这些情况下存在着另一种可能性，就是在实际应用环境中进行研究。这里沿用和其他领域一样的名称：**实地研究**。在这些实地研究中，由于对因变量的测量通常变得更加困难，而且不可预测的环境使其复现性降低，所以放弃实验室良好控制的环境可能导致其**内在合法性**的缺失。但是相对地会获得**外在合法性**，在真实应用环境中对待测系统的研究可以比较容易地过渡到后续实际应用中去。

实地研究对时间、材料和组织的连接需求总是比较高的，对所使用的**原型系统**的需求尤其高。为了使真正使用环境中的实际操作成为可能，这些系统在实验室之外也必须能够运行，并且还要有选择性地提供健壮的功能范围。因此这些都符合 11.5 节对于**观察**的分析。

13.3.8　长期研究与日志研究

当实验任务无法在一个较短的、紧凑的时间内完成时，情况就变得比较复杂了，这就应该在长时间内对应用情况进行观察。例如，我们开发了一个在智能手机上进行音乐搜索的软件，想在实验中检验该软件是否能促使用户更频繁、更长时间地听（其他）音乐。这样的**长期研究**在实际中总是通过实地研究来实现的。相对于用时较短的实地研究，实验者不需要在整个长期研究期间始终在场。当然这也对所使用的原型系统提出了进一步的要求：不应该带入实验者的直接影响，也不应该出现会带来重大损失（时间损失或研究中断）的故障。如果系统总是频繁崩溃，那么就不要奢望被试者会进行长期使用了。

在被测系统中除去伦理因素（隐私性、匿名性）外，这类研究的数据可以在原型系统中自动获取。例如，我们的音乐软件可以保存用户何时听了何种音乐的信息。这样获取到的信息受时间所限，而歌曲标识以及该软件的应用场景等其他重要信息则是未知的。在这种情况下可以通过**日志研究**来获取整体印象。在研究中被试者被要求在一定时间内（固定时间段或固定场合）将相关任务通过固定的预设结构记录在一本日志里以供后续系统分析所用。日志功能也可以植入原型系统中，如每到固定时间点就在屏幕上显示一个小型的调查问卷。这类研究的一个基本问题在于尝试人员的热情会降低。每写一次日记都意味着要花费额外的时间，而这个时间应该是尽量最小化的。对于这些方法的进一步讨论可以参看 11.5 节或者 Reis 和 Gable（2000）的文献。

练 习

1. 请使用经验式评估对自己所在大学的网站进行评估。请遵循关于 Jacob Nielsen 启发的某个具体的自评量表，选择网站中的一个有意义的部分（例如，某个学院或某个组织）并与 4~5 个参与者一起对其进行小组讨论。如果在练习课里已经做过了，请将结果和其他组的结果进行对比。如果在该网页中发现了重大问题，请写一份报告对问题进行精确描述并提出相应的解决方案。然后请将其（通过一封简短且有礼貌的电子邮件）寄给相关单位，请记录下他们的反应。

2. 根据 GOMS 和 KLM 对数据重命名的两种不同方法进行比较。在方法 1 中可以在图形界面中选中数据、删除其名字再给出新名字。方法 2 是在（已经开放并且位于正确目录下的）命令行环境下使用 UNIX 命令 mv name1 name2。在何种条件下方法 1 会更快一些？在何种条件下方法 2 会更快一些？

3. 请设计一个受控实验来验证读者使用哪种方法能以最快速度获取到某本书的附加多媒体资料。请比较使用打印出的二维码和输入统一资源定位符（Uniform Resource Locator, URL）这两种方法。请精确定义相关目标群体和使用情景，并从内在和外在合法性的角度来评价您的研究。

第 14 章 体 验 设 计

在技术使用的过程中会产生一定的用户**体验**。这不仅仅是由用户和产品之间的交互形成的，更是通过产品的视觉或触觉外观呈现的，这些外观连同品牌标志一起传递其价值以及从包装到用户社区的整个使用情景。可以从**享乐型质量**（hedonic qualities）或**实用型质量**（pragmatic qualities）的角度来判断产品的质量。实用型质量很大程度上是通过产品的**可用性**（**有效性、效率、满意度**）来标识的。享乐型质量描述的是通过产品本身或和产品的交互产生的**刺激**或形成的产品身份识别等特性。

举一个例子，前些年时尚界出现了固定和单速自行车，带变速齿轮的自行车在日常生活中的可用性是很差的，在交通信号灯前启动时需要猛踩踏板，但是最高时速又受固定的齿数所限。固定自行车出于补偿的目的通过对构造实施极简主义和优雅设计提升了其外观美感。骑固定自行车的人通过对车轮的操纵体验到一种日常刺激，因此尽管在本质的使用诉求（交通）方面存在很多的缺点，但还是能够被购买者所接受。第二个例子，在 iPhone 的背面印有苹果（Apple）公司的标志，而购买的手机套正好可以把标志露出来让别人看到。这样做的目的并不在于手机套有着更好的可用性，而是通过标志可以获得产品身份识别。这样的**体验设计**方法使人们在产品使用过程中可以有选择地获得某些体验。

有些时候技术的使用可以帮助用户产生意料之外的体验。例如，在意大利有个习俗：给熟悉的人打电话，电话只响一声就挂掉，这表示你在想念他。而主叫者的电话号码告诉了被叫者谁在想念他。这种叫 **squillo** 的习俗是技术的免费副产品，是电话提供商的商业模式所完全没有预料到的。

前些年经常出现**用户体验**（User Experience，**UX**）的概念，这个概念描述了交互过程中的整体体验，已经成了很时髦的词汇，但是它的精确定义却常常是不清晰的。在一些情况下经常和另一个概念**可用性**混淆。现在对用户体验有真正具体定义的领域正在成长，而这个概念是远远超越单纯的可用性概念的。从这个角度来看，良好的可用性的确常常是正向的用户体验的必备前提条件，但是用户体验并不只局限于可用性。有时候比较差的可用性也能形成整体正向的用户体验。在 **Marc Hassenzahl**（2010）的书中，他针对这个主题解释了良好的体验是如何形成的。

14.1　目标与需求

如果想要选择性地产生正向的体验，那么就需要了解一定的心理学基本需求并思考如何在交互中满足这些需求。Hassenzahl 在其工作中描述了目标层次结构（图 14.1）。其中最底层的是**机能目标**，这个目标可以通过按下按键等物理动作得以满足。机能目标描述了单步操作步骤是如何实现的。已经执行动作和目标驱动行为的执行过程中的基本动作是一致的（见 5.3.1 节）。在这些机能目标之上是做某事的目标（**行为目标**），这类目标更为复杂并且需要通过诸如起草一段文本等复杂行为来取得某些成果。行为目标描述了我们的动作是什么。在行为目标之上是保持某种身份（如作家）的目标（**动机**）。这个目标描述了内在驱动力或为什么会有相应活动。例如，我们想要变得富有或者有名，出于这个动机就形成了某些活动如接受良好的教育或社交耐受行为，然后实施这些活动。交互产品的设计一般遵循这个层级结构的最下面两层标准：在实用主义层面它必须支持某些动作或行为以获得某些结果。而整体体验是由全部三层共同决定的。如果想要获得正向体验，则从我们的内在动机即为什么会有这些行为出发是很重要的。这一点可以通过心理需求来加以确定。**Kennon Sheldon** 等（2001）总结了人类的十个心理需求，满足这些需求是实现满意生活的前提。他通过三个研究完成了对这些需求的普遍适用的排名。以下是其中最重要的心理需求。

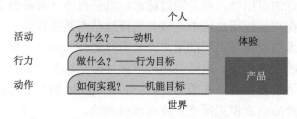

图 14.1　Hassenzahl（2010）提出的目标层次结构（产品反映的通常只是接近世界的目标，但是整体体验却是通过全部三个层面所决定的）

（1）自治（autonomy）：不受其他力量或外来压力影响，能对自身行为进行控制的感觉。

（2）竞争力（competence）：对所做的事情很在行并且很有效果的感觉。

（3）关联性（connectedness）：与相互之间有着重要意义的人保持亲密联系的感觉。

其他需求还包括自尊、有意义、安全感、流行、影响、物理福利、金钱和奢华。虽然这些心理需求和吃、喝、睡等物理需求相比并不是至关重要的，但是人在满足了所有至关重要的需求后，就会关注自身的心理需求。如果交互系统的使用能满足以上心理需求中的任意一条，那么整体体验就会是正向的。正向的体验可以通过在交互中选择性地满足心理需求来实现。

14.2　用户体验的描述

为了能够选择性地引导出用户和交互系统的某种**体验**，这种体验早在设计阶段就应该尽可能精确地定义，并在所有开发阶段中保持描述一致性。可惜到目前为止还没有像计算机科学家所期望的那样出现对体验的描述方法或定义语言。但是可以通过故事的形式获得体验，读者可以通过故事来理解预设的感觉和需求。好故事的创作方法和工作原理不只属于计算机科学家的研究范畴，同时也被作家、记者或导演等其他职业人群所研究。我们可以从这些职业人群中学到怎样创作一个好故事，例如，如何创作出高潮部分、采用怎样的讲述基本构建方法来产生愉快或其他感觉。当我们想要产品产生某种体验时，一种可能成功的方法是通过故事的形式来获得体验，并在产品的不同开发过程中始终检查故事中传达的体验是否也能在系统目前的开发过程中所产生（Knobel, 2013）。用故事的形式来定义体验的优势在于所有过程的参与者（设计师、心理学家、工程师、管理者）对故事都能有同样深刻的理解，并且不需要专业的描述语言。

该方法给我们提出了两个本质性的挑战：一方面将故事作为所有研究的基础加以使用是很重要的，但是开发部门中具有技术思维的工程师是比较难通过故事的方式进行沟通的；另一方面，在中间层级形成的原型系统必须很具体才能保证经验是可学习的，这样才可能通过评估的形式对整体体验传达的成功性进行验证。

14.3　用户体验的评估

在 **UCD** 过程中会对每一个原型系统进行评估，以此来评价基础底层设计的成功性。设计的目标在于引导出某种**体验**，那么对于体验也应该通过评估来加以衡量。理论上讲，这比时间或错误率等客观检验难得多，因为要研究的是用户头脑中的体验，而这是用肉眼无法查看到的。

用户头脑中的体验受外界心理学验证的限制。将面部表情的评估或心率、皮肤传导值作为状态指示器是相对比较粗略的方式，并不适宜用于当今体验的细分化评估。但是又没有其他方法可以对用户的体验进行询问。这是无法通过直接提问实现的（你有和他人相关联的感觉吗？），不要期望用户会对心理需求有深入的理解，因此应该提间接问题（你是否感觉到和其他人有亲近的感觉？）。

可以在**半结构化面试**（见 11.2 节）中提出这样的问题。为了尽量接近体验的核心，可以使用**阶梯**技术，即在谈话对象回答结束后再问一句"为什么"直至达到心理的基本需求。

有一些针对用户体验评估的标准化调查问卷，虽然部分内容处于不同文化圈的边界地带，但是其合法性是得到作者保证的。例如，可以通过正向负向情感量表（Positive Affect Negative Affect Schedule，**PANAS**）系列方法对一般的感觉反应进行测试。变量 PANAS-X 由 60 个问题组成，而简化版 I-PANAS-SF（Thompson，2007）则由 10 个问题组成。**AttrakDiff**[①]测试（Hassenzahl，2010）可以对**享乐型**以及**实用型**质量进行评估，可以评价一个系统是否是有用而无趣的，或是好玩但无用的。**用户体验**这个领域目前发展很快，在本书德文版付印之时发现该领域的研究者在博客中给出了一系列正在不断完善中的评估方法[②]。

14.4　用户体验：示例

接下来通过 **Clique Trip** 这个系统来观察一下整个过程。文献（Knobel et al.，2012）对以用户为中心的系统设计的每一个步骤都进行了详细描述，并对面试过程等细节进行了讨论。考虑到目前的汽车经常和环境以及其他人群分割开来，因此 Clique Trip 作者的目标是开发一种满足汽车的关联性基本需求的技术。他们首先在面试中向面试伙伴收集了很多关于关联性的不同实际**体验**。这些体验还通过 PANAS-X 调查问卷对其情感影响进行了分析。这样获得的体验就减少到了精华部分或核心故事。其中四个故事有着相似的模板，因此就成为作者自己的虚拟故事的模板基础（Knobel et al.，2012）。

Max、Sarah、Marianne、Martin、Monica 和 Matthias 是很多年的朋友了。最近他们不像以往那样经常见面，但是有一项活动始终保持着：他们每年都要组团去一次最爱的城市巴黎。同往常一样，他们开两辆车去，但是今年有些变化。Max 安装了一个新应用 Clique Trip，他想试一试这个应用，就用它邀请了所有朋友参加旅行。这个应用承诺即使用户在两辆不同的车里也会感觉彼此相近。所有朋友都很期盼使用 Clique Trip，因为他们讨厌旅行中相互分离的感觉。到了出发时间，Max 开一辆车，Sarah 开另一辆车。Sarah 车开得很快（有些人认为是有些鲁莽）而 Max 开得很悠闲（有些人认为开得相当慢），所以他们在高速路上很自然地就分开了，Max 落后得越来越多。这时 Clique Trip 就来帮忙了，它改变了导航系统，引导 Max（后车）开向 Sarah（前车）。Max 心想：啊，Sarah 选择了风景路线，选得好。他说："我猜其他人计划去 Reims 市中心的那个漂亮的小咖啡馆。我要加

---

①http://attrakdiff.de。

②http://www.allaboutux.org。

速追上他们。"他加速了，当车辆彼此邻近时，Clique Trip 打开了通话频道。现在他们可以像坐在一起那样对话了。Max 喊道："嘿，你没打算要喝香槟吧？我正在开车！"

这个故事后续通过故事版的形式实现了具象化。在从故事到故事版的转化过程中，故事精华部分的细节程度得到了连续提升。在故事版图片中已经对技术细节进行了推荐。图 14.2 展示了整个过程中最重要的三个场景，即计划旅行(图 14.2 (a))、联系接收方（图 14.2 (b)）以及车辆之间的通信（图 14.2 (c)）。

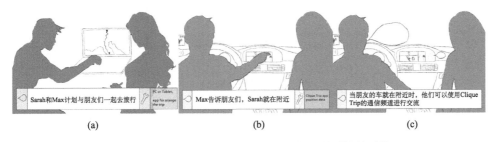

| (a) | (b) | (c) |

图 14.2 在不同车辆内的参与者之间传递关联性的系统

在接下来的步骤中作者实现了一个早期原型系统，并将其作为应用安装在一部智能手机上以及汽车的娱乐系统里，这个原型系统后期得到了不断细化。最终的原型系统由被试者在汽车里做了评估，并通过调查问卷获取了使用过程中形成的体验。这样可以把设计所瞄准的体验和故事所产生的情感进行对比。在本例中我们可以很清楚地看到，始终可以使用到 **UCD** 的基础方法来实现体验的选择性呈现，但是在某些情况下，每一步所使用的工具是完全不同的。本章由于篇幅有限未能包含相应话题的所有内容。体验设计领域正处于高速发展阶段，目前尚不存在使用超过几十年的最佳经典方法。本章介绍了相关的基础知识，读者还需要跟踪今后的发展情况。Marc Hassenzahl[1]的团队应该是一个比较合适的着手点。

练 习

1. 假设您有一小时的空余时间和一台联网的计算机。您将怎样渡过这一小时？为什么？请分析所使用的服务或内容（例如，网页、电子邮件、社交网络、在线游戏）以何种方式对应于哪些心理需求？哪些是通过开发者或作者积极设计的？在服务或内容的形成过程中可能会出现哪些巧合？

2. 从享乐型和实用型质量的角度对自己所选择的两个网页进行对比。请使用AttrakDiff调查问卷并讨论这两个网页的区别。

---

[1] http://www.marc-hassenzahl.de。

3. 礼物包装通常不仅要满足实用主义需求（保护礼物不受损），更要在拆开包装的过程中产生一种整体体验。考虑一下您想要产生的整体体验并对相应的礼物包装进行设计。您可以自由选择收件人和情景。例如，"订婚戒指，男/女朋友，烛光晚餐"，"现金，女儿，18 岁生日"，"小小谢意，给予过很多帮助的同事，周三上午"。请指定相应的需求。

第四部分

代表性交互形式

第15章 个人计算机上的图形用户界面

15.1 个人计算机与桌面隐喻

计算机在诞生之初（20世纪40年代）是很大型、很昂贵的机器，只能由最熟悉计算机制造和功能的专业人士来操作。后来大型**主机**时代（20世纪60年代）的计算设备允许多用户同时使用。每个用户有自己的文字屏幕和键盘（组合在一起称为**终端**），可以输入命令、管理和编辑数据，也可以编写程序、执行程序。直至今日很多个人计算机操作系统里仍然植入了这样的命令行环境（见8.1节及图8.1）。

随着技术的不断发展，计算机变得越来越小、越来越便宜，出现了**工作站**，即每个用户有一台自己的计算机，20世纪80年代这样的设备被称为**个人计算机**（**PC**），当时作为私人用途而言还很昂贵。21世纪初越来越多的个人计算机被移动计算机（**PDA**和**智能手机**）所取代。2010年左右出现了大尺寸的平板电脑，但是它不再是移动PC了。计算能力的主要利用形式正在从传统PC过渡到基于**触摸**的移动范式（见第17、18章）。

随着计算机技术的发展，个人计算机开始拥有了图形显示器、图形输入设备**鼠标**以及源自于主机时代的键盘。个人计算机在易失性的主存储器或工作存储器里进行数据处理，并将其存储在非易失性的存储介质如硬盘或磁盘里。针对作为输入设备的鼠标的探索相对较成熟，其相关行为通过**菲茨定律**或**转向定律**已经得到了很好的描述（见4.1节和4.2节）。

为了解决办公室工作问题，办公领域的 Xerox 公司开发出了 PC 的概念型先驱之一：Star 工作站（图15.1）。它将当时还基于纸张的办公室工作流程转化到了计算机上，计算机环境中的对象和动作均得到了图形呈现（见7.10节）。由此出现了**桌面隐喻**（desktop metaphor）及其办公桌面、文件夹及文件等概念。该隐喻的元素在现在看来依然是值得信赖而且是显而易见的，即用日常语言实现了与技术概念的转换：一个文件被技术化地看作数据。文件夹在概念上包含了很多的文件，正如技术上讲的目录下面包含更多的数据一样。对于技术概念驱动器即硬盘、磁盘或者半导体存储器，桌面隐喻并没有与之对应的元素，最接近的也就是文件柜了，因此驱动器在桌面环境中也得到了转换，但由此产生了对物理世界的偏差。桌面隐喻是**概念模型**的一个示例，在一些领域里和**实现模型**非常接近（见第5章）。

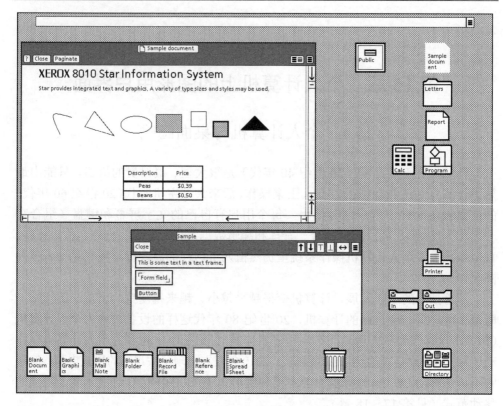

图 15.1　Xerox Star 工作站（1981）界面，包含了文件、文件夹和存储盘等图形元素，同时还
包括打印机、计算器和回收站等工具

15.2　WIMP 概念

　　PC 上的图形用户界面的基本元素是**窗口、图标、菜单**以及用于跟踪鼠标等**输入设备**运动的**光标**（**Windows，Icon，Menu，Pointer，WIMP**）（图 15.2）。有了这 4 个基本元素就可以使用**直接操纵**（见 8.4 节）的概念了。WIMP 概念一般使用于桌面隐喻，也可以用于其他隐喻。直接操纵原则在很多电脑游戏中都有应用，但不包括对文件和文件夹的操作。

15.2.1　窗口与列表

　　WIMP 中窗口这一概念描述的是屏幕上为某个应用所保留的一块区域。例如，复合应用窗口以及小的对话框或通知窗口。窗口可以（但并非必须）移动、相互

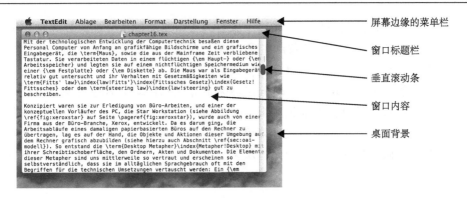

图 15.2　当今桌面环境中的窗口的基本元素

重叠和隐藏，其在屏幕上的排列并不是一件简单的事情。因此每个 WIMP 环境都有一个专门用于窗口管理的程序组件。在 **Linux** 中有不同的可替换的**窗口管理器**，在 Windows 和 Mac OS 中这些组件是驱动系统的固定组成部分。除了保留的屏幕区域，窗户通常具有所谓的**装饰**，允许窗户被移动、缩放、关闭或最小化。在 **Windows CE** 等小屏幕的操作系统中也存在窗口的概念，但其实是没有太大意义的，因为几乎所有的窗口（包括很小的对话框）均为全屏显示。即便是在今天的智能手机操作系统中，窗口的概念依然存在于软件层面，但图形用户界面缺乏滑动窗口等经典装饰元素。如果窗口中要显示的内容比窗口能提供的空间要多，窗口通常只显示部分内容，其位置可以用**滚动条**来标识。滚动条上的小方块代表这部分内容在整个文档中的位置及所占比例。

　　除了窗口，栏通常出现在当前的桌面界面的屏幕边缘，例如，Mac OS 中的**菜单栏**或 Windows 中的任务栏。屏幕顶部或底部的这种布局所具有的优点是不必精确地点击垂直位置，鼠标可以只是朝着屏幕边缘移动并悬停在那里即可。出于这个原因，经常使用到的功能（如 Mac OS 菜单栏中的应用程序菜单或位于 Windows 任务栏中的最小化窗口）就经常放在这个位置。屏幕上的另一个优选位置是角落，因为鼠标可以同时在两个方向上悬停。出于这个原因，操作系统中最常用的功能（如 Windows 中的**开始菜单**和 Mac OS 中的**系统菜单**）就位于这个位置。

15.2.2　菜单技术

　　出现于屏幕上方边缘的下拉列表中的菜单称为**下拉菜单**（图 15.3）。与很多应用的**语境菜单**一样可以出现在任意位置的菜单称为**弹出菜单**。除此之外还有**线性菜单**，即菜单的不同条目彼此之间是线性排列的。条目离鼠标初始位置越远，用鼠标将其选中所需的时间就越长。这是遵循**菲茨定律**的（见 4.1 节）。当在菜单条目中打开子菜单时，情况就变得更为复杂了。在这种情况下鼠标光标必须首先移动到相关条目上，然后一直保持在这个条目内直至移动到边缘标记处并打开子菜单，并在第一级子菜单内上下移动（图 15.3）。在第一个菜单条目内向右移动的上下距离受条目高度限制：如果鼠标光标离开这条通往该条目右边边缘的路径，就会打开错误的子菜单。可以根据**转向定律**来估计鼠标移动所需时间（见 4.2 节）。当菜单长度较长，条目很多很长且很窄时，情况会变得很麻烦。很多用户根据自身的经历发现超过一定高度的嵌套菜单会变得比较难用。有很多方法可以化解嵌套菜单的这种破坏性的效应，例如，从某个位置开始，令鼠标的移动变得不那么容易。

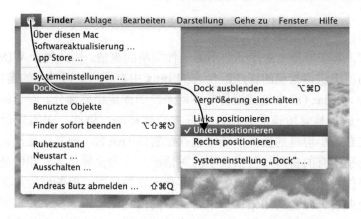

图 15.3　在嵌套下拉式菜单中，鼠标光标在第一级嵌套层级中选择某个条目所经过的路径

　　除了线性菜单，还有一种**饼状菜单**，其条目呈圆圈排列使得选择速度变快（图 15.4）。鼠标在饼状菜单中朝着某个条目移动就可以选中该条目。可以实现嵌套饼状菜单，离开第一级菜单后，子菜单会以弹出饼状菜单的形式出现在当前鼠标位置。所有菜单条目的位置是固定的，用户可以记住该移动过程，在任何时候都不需要观察菜单就可以在屏幕上盲画出对应的轨迹。决定哪个饼状菜单条目被选中的是该路径的方向而不是具体的路径长度，因此轨迹的大小对结果没有影响。只有每段路径的角度才是决定性的因素。在学习过程中鼠标光标会在屏幕上留下一条轨迹，移动轨迹会表示为一条线性路径。这种带有鼠标光标轨迹的嵌套饼状菜单称为**标记菜单**（marking menu）（Kurtenbach et al., 1993）。它可以帮助初学者流畅地转变为专业人士。一般来说专业人士的菜单使用方法和初学者是不同的（Cockburn et al., 2007）：初学者在打开菜单后，需要时间来逐一读取条目直至找到所需的那一个条目，而高级用户会记住该条目在菜单中的位置，这样做选择所需的时间就不再是线性的了，而是遵循 **Hick-Hyman 法则**，和菜单条目的数量呈对数关系（见 3.6 节）。做决定所需时间和机能执行所需时间取决于菜单的类型。

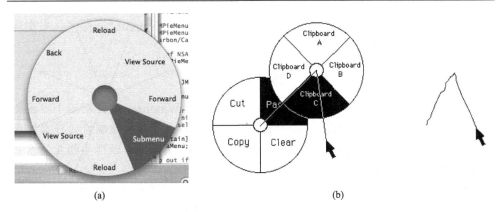

图 15.4　（a）饼状菜单和（b）嵌套饼状菜单，其中鼠标光标留下了一条轨迹（标记菜单）
（Kurtenbach et al., 1993）

15.3　所见即所得

在**直接操纵**的交互概念中，屏幕上的相关信息单元会得到图形呈现并且可以通过指示设备加以选择或移动。人们将这个概念转化到文本或图像等数字媒体的视觉化处理中，这意味着屏幕上的媒体对象的改变可以像随后的打印等操作一样直接进行。文件在屏幕上看起来就像在纸张上一样（假设分辨率和普通的屏幕分辨率一样）。这种情形称为"所见即所得"（What You See is What You Get，**WYSIWYG**）。

这个概念首先出现在文本系统里，称为**桌面发布**（desktop publishing）。高质量印刷品应尽量直接从写字台生成，WYSIWYG 方法应确保每次无须了解打印机的专业知识就能对终端产品进行评估。在桌面隐喻的早期版本 Xerox Star 和 Xerox Alto 中已经出现了 WYSIWYG 文本编辑器，这个方法直至今日还是很流行的，以至于我们几乎不会去考虑其他的方法。当今的文本处理软件如 MS Word、Apple Pages、OpenOffice 等依然遵循 WYSIWYG 原则，只存在一些细微差别，例如，在很多这样的软件包里提供了布局视图，这样相对于视觉形状而言，文件的逻辑结构就更为凸显。

一个极端反例是编辑本书所使用的文本程序 TEX：多个文本段有着不同的控制命令，文字是通过编程产生的（见图 15.2 窗口中的内容）。首先要通过翻译（类似于程序的编译）才能对最终结果进行评估。这种替代方法的好处在于对文件的系统性修改以及确保印刷品一致性是很简单的，并且结果满足高质量的印刷标准。WYSIWYG 概念还可用于图片等其他视觉媒体的处理。**GIMP** 或 **Photoshop** 等工具展示了对图片进行直接操纵的效果。一个反例是利用 Netpbm[①]等程序包来实现命令行层级的图片处理。

练 习

1. 一位父亲向学计算机的儿子求助：你是学过 Windows 的，刚不小心我把网络关掉了，你能不能帮帮我。请分析可能发生了什么事情，该隐喻的什么概念或元素被混淆了，这在逻辑上到底属于什么？用一个图标来展示这些相互关系并用您的祖父辈能理解的文字进行解释。

2. 将桌面隐喻的界面概念和您喜欢的智能手机操作系统进行比较。哪些地方是对等的？哪些地方是不对等的？有影响吗？为什么（没有）？特别注意观察在两个平台上所使用的服务。

3. 对同样拥有 8 个条目的线性菜单和饼状菜单进行比较。假设两者都实现为弹出菜单的形式。根据菲茨定律对两个菜单里的所有 8 个条目的访问时间进行预测并解释其差异。饼状菜单至今未得到大量应用的原因何在？

①http://netpbm.sourceforge.net。

第 16 章　万维网的用户界面

几乎没有其他媒体能像万维网（World Wide Web，**WWW** 或 Web）一样通过信息对我们所处的环境有如此持续性的改变。通常万维网的概念和互联网（Internet）的概念是可以互换的：当需要访问网站时，用户进入互联网并使用 Internet Explorer 等软件。当想要进入万维网时，供应商会对互联网和电子邮件收费。万维网成为互联网的门户并在今天成为电子邮件、新闻或者社交网络的技术基础。本章尝试介绍与用户界面相关的基础概念和趋势，当然未能包含该领域的所有相关信息。

16.1　Web 基本技术概念

从技术角度来看，万维网是网络化的**服务器**和**客户端**所组成的一个非常大的分布式系统。在服务器上存放了网站，更多相关的页面也被标记为**网站**，形成万维网中的一个位置。网站在客户端软件**浏览器**中进行展示。浏览器从最开始（包括 Lynx[①]）就一直存在于图形桌面用户界面里（见第 15 章），可以通过鼠标等指示设备进行操作。随着万维网在平板电脑和智能手机等新型设备上使用的增加，情况发生了变化。

网站是**超文本**文件。这意味着它不仅包含文本和媒体元素，还包含到其他网站的**超链接**。超链接的结构没有固定的规则：可以位于一个网站内或由此导向万维网的其他位置。正如浏览器的隐喻式名字 Internet Explorer 或 Safari 暗喻的那样，用户可以沿着超链接进行（冒险）旅行。作为计算机科学家，我们通过和万维网相关的日常工作了解到以上这些相互关系。需要注意的是这些概念和相互关系不一定是完全清晰的，当我们试图解决前辈的计算机问题时，对于"你所用的浏览器是哪一个？"这样的提问，我们可能只会得到一个充满疑惑的眼神。

万维网的基础技术标准由 **Tim Berners-Lee** 于 1989～1991 年在欧洲粒子物理研究所（European Organization for Nuclear Research, **CERN**）机构提出。他定义了描述语言 **HTML** 并编程实现了第一个服务器和浏览器软件。这样的系统首先用于 CERN 研究者之间的科学文件的交换。其焦点首先是文本、图片以及**超链接**。图 16.1 展示的是当时典型的未修饰（纯 HTML）风格的早期网站。WWW 的商业

[①]http://lynx.browser.org。

化带来了如今网页的媒体呈现。最初的 HTML 规定了文本所需的呈现方式，如不同层级的标题、斜体还是粗体等文本标记。和 **Usenet News** 或 **Gopher** 等当时其他基于互联网的信息系统不同，HTML 的优势在于超链接的自由结构以及允许在文字中使用图片。此后又出现了音频、视频等媒体对象，但对于当时的计算能力来讲还是个挑战。

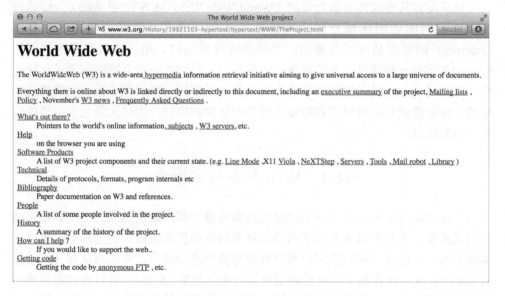

图 16.1　显示在现代浏览器中的一个早期网站的副本

　　Berners-Lee 为 HTML 网站在服务器和浏览器之间的传输定义了超文本传输协议（**HTTP**）。基本的 HTTP 传输由客户端向服务器发起的询问（**HTTP 请求**）以及服务器的响应（**HTTP 响应**）组成。万维网上的资源（如一个网站或一幅图片等）都是由一个网址或 **URL** 来定位的。它由所使用协议的标记、服务器名和文件在服务器上的名字组成。在文件中还存在跳转锚点的约定或传递给服务器的其他参数（图 16.2）。

http://www.mmibuch.de/a/17.2/index.html#additional

协议　　　　　服务器名称　　　　路径　　　　文件名　　　　锚点

图 16.2　基于协议、服务器名、路径、文件名和可选的网页内锚点所创建的 URL

　　WWW 技术标准由万维网联盟（World Wide Web Consortium, **W3C**）管理，从创建之初就经历了部分实质性的修改。1999 年 HTTP 还处于 1.1 版本，随着标准的同步发展，现在 HTTP 已经出现了 2.0 版本。这些发展是不同组织出于不同动机而驱动的，同时也引起了技术的扩散。网站的呈现和布局也经历了不同的时尚潮流。

16.2　布局：流式、静态、自适应、响应式

HTML初始的核心思想在于不预先定义任何固定的页面布局。如图16.1所示，以前网页的布局取决于浏览器的窗口大小，浏览器负责对内容进行有意义的最佳呈现。这样的布局类型称为**流式布局**，文字随着窗口大小的变化而流向其他元素。随着万维网的商业化进程，出现了对页面的视觉呈现有更多影响的需求。印刷行业的设计师开始对固定排版和**网格**布局进行处理，使其可以应用于书籍或杂志等印刷品。这样就形成了**静态布局**，其在固定大小的窗口内或屏幕分辨率下看起来很好，但是在其他环境下可能会部分失效。在此对图 16.3 不作评论。从 21 世纪初

(a)

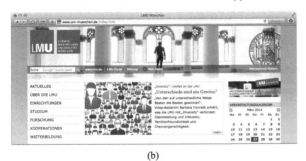

(b)

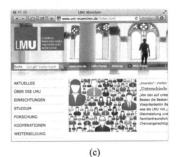

(c)

图 16.3　静态布局：中间的内容始终处于最优窗口宽度，在较宽的窗口中会在左右两边填充空白区域，在较窄窗口中会对内容进行截断

开始，随着移动终端的不断涌现，越来越多的人通过手机上网。其显示面积和交互方式与桌面环境有着很大的区别，因此优化布局就显得尤其重要。对于为桌面固定大小的窗口所优化的静态布局而言，在移动端上所有内容的呈现都太小，没法看清楚，因此在实际应用中总是失败的。虽然缩放和平移（见 9.2 节）可以保证在该类设备上的交互，但是使用起来过于麻烦，远不能称为一种优化操作。出于这种考虑出现了**自适应布局**。针对不同的设备类型准备不同的静态布局，根据设备类型从服务器端传送相应的版本。从技术实现角度来讲，**HTTP 请求**中包含所使用的操作系统、浏览器及终端设备信息，服务器据此选择并返回不同的布局。该方法明显的缺点在于增长的工作需求以及万维网开发者总是滞后于设备市场发展的事实。一旦有新设备出现，就必须验证已有的布局是否适配以及选择规则能否选出正确的布局。

为了解决这种新的问题就出现了**响应式布局**。这种布局将细节适配的任务从设计师手中重新交回浏览器：万维网设计师只为不同的基本情况确定不同的逻辑元素的大致排序，浏览器在具体的终端设备（图 16.4）上完成细节化布局。技术上是通过 **HTML5**、**CSS** 以及**媒体请求**将内容与呈现相分离而实现的。这样浏览器可以根据固定的布局规则对布局和精确的窗口大小进行适配，然后从多个基础布局（如针对桌面、智能手机和打印机）中选择出正确的布局。

随着万维网的快速发展，可以预见很快又会出现新的布局时尚潮流和技术标准。本节的目标旨在介绍这些趋势背后的思想。人们总是得不断地学习最新的趋势和技术细节。

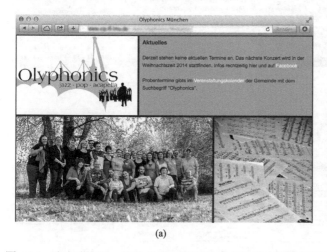

(a)　　　　　　　　　　　　　　　　　　　　(b)

图 16.4　响应式布局：设计者确定页面的基本元素在不同情况下的布局方式，由浏览器来负责细节化布局

16.3　内容：静态或动态

网站除了布局，其内容也可以动态改变。这其实是违背万维网最初想法的：同一个 URL 对应的应该始终是相同的**静态网站**。**动态网站**的核心思想是服务器针对 **HTTP 请求**首先计算出单独的文件然后将其返回。服务器端的计算可以由数据库访问实现，由网页服务器或服务器上的更大型的软件系统来执行。通过这种方法可以实现具有订单和支付功能的在线购物系统：每个用户的购物车看起来都是各不相同的。从这样的开发开始，人们谈论的不只是网站，更多的是真正的**网络应用**。

就这点而言，万维网最初并不是为这样的结构而设计的：对于 HTTP 请求的响应没有时间保证，单击超链接后可能会等待很长时间直至相应页面从服务器端返回并得到完全转换。这和 6.2 节提出的要求相矛盾：交互系统里的反馈最好在 100ms 内给出。为了解决这个问题并加强对网络应用的时间控制，出现了在客户端进行计算的技术。在基于 **AJAX**[①]的网络应用中用户界面会整体（以 **JavaScript** 程序的形式）下载并在浏览器中执行。和服务器的连接不再是单个的 HTTP 请求，而变成了通过 **XML** 数据形式实现双向转换的独立网络连接。这样网络应用可以对用户输入做出及时反应并且不再依赖于转换路径的不确定性。

16.4　使用类型：Web $x.0$（$x = 1,2,3,$ ···）

随着动态内容的发展，现在不需要自己写 HTML 代码就能为万维网生成自己的内容。从博客上对在线购物的产品评价到社交网络，现在随处可见用户生成的内容，用户并不需要写 HTML 代码或运行服务器。这样定性的步骤导致了 **Web 2.0** 的出现，而旧的静态万维网自然就是 **Web 1.0**。现在人们想要利用机器使大量用户生成的内容变得可用，从而自动推导出结构化的知识。从技术角度来看，网站由纯文本数据和嵌入式媒体对象（如图片和影片等）组成。自动含义分配以及相互关系的确定必须要对文本和图片进行深入的语义分析，而其难度不亚于解决一个复杂的算法问题。纯数据内容（符号）和含义（语义）之间的鸿沟（**语义鸿沟**，semantic gap）使其不能自动关闭或在很有限的特例下才能自动关闭。如果人们在网站上确定能获得对网站含义或者至少是信息类型的正式的、自动可处理的描述，则有意义的、可用的信息的自动搜索及新信息的推导能够得到更好的实现。正是出于这个原因出现了专门针对网站语义描述及相互关系的形式主义，如**资源描述**

---

①AJAX（Asynchronous JavaScript and XML）。

框架（Resource Description Framework，**RDF**）[①]以及**网络本体语言**（Web Ontology Language，**OWL**）。此后万维网出现了**语义万维网**（semantic Web）或 **Web 3.0**，其中可以找到网页的含义、确定相互之间的关系。这种语义标签的具体表达的实例包括页面添加的带有位置信息的地理信息。这样当访问这些位置时，相关页面也会得到显示。语义万维网如今还在迅速发展中，其未来的表达和成功还是未知的。

16.5　网站是如何被读取的

　　用户对网站的处理方式和对其他文本文件的处理方式有着很大的区别。人们看书时是一页页地阅读文字内容并且通常会利用全部时间看完整个章节，而浏览网页只有短短数十秒时间。浏览网页期间我们的眼睛在寻找突出的元素如颜色凸显的链接或关键字。2.1.4 节已经介绍过颜色凸显的链接会触发**下意识感知**，因此处理速度会很快。早期网站支持这个特点（图 16.1）。除此之外，我们在浏览网站时也会利用这个特点，这些网站通常有固定的结构：我们希望在左边或上端边缘处看到整体信息如公司标志、页眉或者导航元素，在中部看到有意义的内容，在右边边缘处看到可选的额外信息或广告（图 16.3）。

　　所有这些都影响着网站的内容、结构和图形呈现：内容必须简短。文字必须通过简短的词汇和句子表达其含义，更多的额外信息应该作为可选项或者链接加以提供。万维网中的长文本一般没人阅读，人们只会匆匆浏览或用关键词进行搜索。有意义的图片即使只看一眼也能比文字传达更多的信息，因此可以更好地支持快速搜索。当今的网站从结构上来看应该遵守已有的设计惯例，这样用户可以在期望位置找到某些特定元素。这点同样适用于导航元素。在网页中应该被隐藏起来的信息就该真正地被隐藏，可以对其进行位置排序，一般这些位置出现的都是广告，后续也可以像广告一样得到图形呈现。网站应尽量保持图形化，图形印刷呈现不会妨碍网页的快速搜索。文字应该使用容易看清的字体字号和对比度。链接和重要概念应该是可以下意识感知的（见 2.1.4 节）。大多数情况下网站最好不要是可滚动的。如果网站内容在窗口中是不可见的，通常后续也不会通过滚动条来进行访问。这样信息就被（有意或无意地）隐藏了。当今每个网站都必须要做的一件事情就是信息的有意隐藏：链接一般放在页脚处并使用很小且不起眼的字体。这样既符合法定规定，也会成功地将用户注意力引向该信息。

―――――――――――

①http://www.w3.org/RDF。

16.6　定向与导航

交互系统的**启发式评估**有三大重要标准（见 13.2.2 节）：系统状态的可见性、用户控制和自由、识别优于回想。这些要求在结构化网站中一般通过导航元素来实现。网站的导航应该是可识别的，该网站上的所有内容都能在这里找到（识别），用户随时都能看到自己当前所处位置（状态）。除此之外还允许移动到网站的其他位置（控制）。图 16.5 展示了一个网站的层次结构的主导航，它满足以上这些要求：首先它出现在用户期望的位置即页面的左边缘处，并且显示了该网站的话题范围（识别）。通过选择一个子类别会打开这个子类别（控制）并显示其中可用的页面或下一级子类别。当前选中的页面显示为灰色（状态）。在该页面上还应用了一个常见的导航元素：**面包屑导航**（breadcrumb trail）。正如 *Hansel and Gretel* 童话里通过面包屑找到来时路径一样：依次打开的子类别会以路径的形式加以显示。有趣的是这个例子中的逻辑层次结构隐藏在网页服务器的文件夹结构中，由于目录使用了相同的名字如所属子类别的名字，所以单个页面的 URL 会与所示的面包屑导航相匹配。

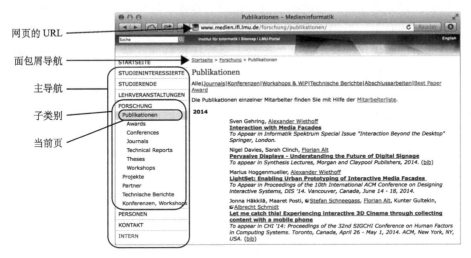

图 16.5　网页的导航元素：左侧是层次结构的主导航，上方是面包屑导航，在最上方是结构化的相同的 URL

16.7　社交网络规则：万维网的网络礼仪

互联网在很早以前就形成了一套非正式的行为规范。这种网上的礼仪称为**网**

络礼仪（netiquette）。这些礼仪首先是在电子邮件、聊天和 Usenet 论坛等其他媒体中形成的，很多规则定义的是单个用户之间或用户和团体之间的直接交流。其中一些规则也适用于万维网尤其是**社交网络**。

（1）关注他人：由于远距离沟通交流，待人接物的原则并不适用于互联网。在网站或社交网络环境中，人们应该始终注意自己的言论对他人的影响。不合理的行为最终会对本人产生负面影响。

（2）网上的行为规则应该和真实生活中保持一致：虽然在网络上违反法律和规则是件很容易的事情，并且这些犯罪行为的追溯通常是很难的，但规则同样是有效的。特别是在版权保护方面，我们应该通过引用等方式来小心处理。

（3）尊重他人的时间和带宽：避免冗长的讨论和介绍，网站应该能够快速访问并使用简洁的语言，这样才能形成该网站标志性的阅读风格。带宽一方面指的是读者的精神容量，另一方面也指的是技术上的容量：如果一张图片以全分辨率的形式嵌入网站并在 HTML 代码中缩放为邮票大小，这就是对带宽的浪费，并将导致页面下载时间不必要的变长。而预先缩放到合适大小的图片只会占用百分之一的数据量。该情况同样适用于电子邮件。

（4）注重自己的网络形象：如果想要创建一个网站，就应该对其进行评估。拼写错误、很差的照片、过时的信息、错误的链接、技术或审美方面有问题的网页，这些都该避免，否则会牵制或干扰用户，继而对本人产生负面影响。为某个特定目标平台而优化的页面在其他平台上运行很糟糕或完全不能运行，这是和万维网的基本思想相矛盾的。

（5）尊重隐私：不应该公开使个人受益的他人信息。在社交网络中对私人信息、图片或新闻进行大规模公开传播是很容易的。但前提是需要取得原作者和被拍摄者的明确同意，或者由他自己传播会更好一点。

以上这些只是从网上社交的公开规则中挑选出的部分规则。网络礼仪的官方版本可以在 RFC 1855[①]中找到，但是其中很大一部分对于今天的常用媒体不再适用。网络礼仪也在经历着时代变迁，并且在不同的文化中有着不同的表述。每个相关规则都处于不断更新中，我们需要通过研究或观察他人来进行学习。

练 习

1. 验证您最爱的五个网站在不同的目标平台（桌面个人计算机、智能手机、平板电脑、打印在纸上）上的运行情况。它们分别使用了哪种布局策略？其效果如何？

2. 根据内容的合理性对您的个人网站或您的单位（大学、公司、联盟）的网

[①]http://tools.ietf.org/html/rfc1855。

站进行分析。文字是否简洁？图片是否是有意义并且美观的？技术实现是否简洁并且符合当前标准？是否遵循了网络礼仪？如果是您的个人网站，请将找出的错误加以改正。如果是您单位的网站，请礼貌地通知负责人并给出相应的事实根据，记录下他们的反应。

3. 确定您刚分析过的网站是否是通过内容管理系统（Content Management System, CMS）来创建和管理的。负责人是谁？相关信息通常可以在 HTML 源代码中找到。在这种情况下使用/未使用 CMS 的原因是什么？

第 17 章　交互式界面

自从 2007 年基于触摸屏的智能手机问世以来，基于触摸输入的交互在除办公室外的很多日常交互场景中得到了快速的发展。平板电脑、智能手机、开放终端或自动贩卖机上的触摸感应屏幕都属于当今常用的**交互式界面**（interactive surface），交互式墙面在教室里有应用，交互式桌面在博览会和博物馆场景中出现得越来越多。

17.1　触摸与多点触摸

以上所有设备都是将一个（**单点触摸**，single-touch）或多个手指/手掌（**多点触摸**，multi-touch）作为输入。早在 20 世纪 80 年代就已经有了关于多触点输入的研究工作，很多设备都是基于当时建立起来的交互概念。长期以来传感器技术都是主要的限制因素。

17.1.1　触摸的传感器技术

支持触摸输入识别的技术中最简单的装置是**电阻式触摸传感器**（resistive touch-sensor）（图 17.1）。从机械原理来看该传感器由两层导电薄膜组成，在静止状态下两层之间没有任何接触，通过在某个位置的按压会在该处形成接触。当在其中一层的水平方向上施加电压时，该电压会均匀分布到整层。如果触点闭合，则可以在另一层薄膜上观察到电压的变化，它会随着接触点水平位置的变化而变化，从而可以确定接触点的 X 坐标。然后在另一层通过相同方式在垂直方向上施加电压，类似地，就可以确定接触点的 Y 坐标。为了生成更多的接触点，传感器会

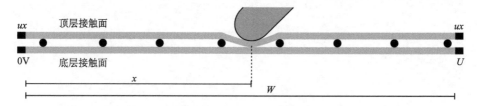

图 17.1 电阻式触摸传感器（为了测量位置 x，电压 U 被施加到了底层，一旦通过按压产生了接触，就会在顶层读出 ux。$\dfrac{ux}{U} = \dfrac{x}{W}$ 或 $x = W\dfrac{ux}{U}$）

传回任意位置的平均值。电阻式触摸传感器利用的是输入的机械压力，因此可以使用笔或手指，但是不能识别物体或视觉标识物，无法传回绝对位置，为保证电压的正确转换还必须对位置进行校正。

目前使用最为广泛的是**电容式触摸传感器**（capacitive touch sensor）。它可以应用于当今常见的平板电脑和智能手机，同时拥有更多的基本功能。传感器表面有嵌入的光栅或网格。当手指或其他较大的导电介质靠近时，介电质间的电压会发生变换。通过轮询的方式可以获得触摸的位置。为了覆盖更多的相邻传感器点，传感器可以通过插值为该位置生成更高的分辨率。可以对传感器输出做位图处理，通过图像分析不仅可以计算出接触位置的中心点，还可以识别手掌等复杂形状。电容式触摸传感器不需要任何机械压力，只需要传感器表面的导电物质即可。该类传感器可以识别手指、手掌、特殊笔和电容式标识物，并且不需要对位置进行额外的校正。

目前在大型交互式界面（如交互桌面或墙面上）还经常会用到**光学触摸传感器**（optical touch sensor）。很多结构相对简单并用于实验室研究的交互桌面都是通过受抑全内反射（Frustrated Total Internal Reflection, **FTIR**）或弥散光线照射（Diffuse Illumination, **DI**）方法建造的。这两种方法都是基于红外光的，利用廉价的摄像头和红外 LED 就可以实现。FTIR（图 17.2）的基本原理是光线通过红外 LED 从侧面进入，在具有不同折射率的介质（如有机玻璃和空气）的交界处会发生全反射。当折射率不同的其他物质（如手指或硅胶层）触摸某介质表面时，光线会穿过该位置并照亮该物体，在摄像头图像中形成一个较亮的区域从而得以识别。

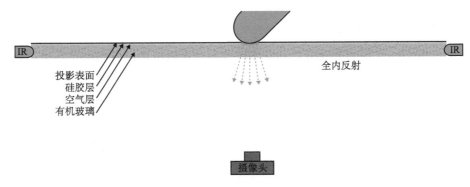

图 17.2　FTIR 触摸传感器

DI（图 17.3）采用的方法是光源从底层通过弥散照亮交互式界面。当有物体压在表面时，物体会被照亮从而在摄像头图像中得以识别。FTIR 传感器需要机械压力，对于变换的环境光有较强的健壮性。DI 传感器不需要压力，可以识别光学标识物，但是较易受到直射阳光等因素的干扰。可以将两种方式加以结合，这样可以同时实现触摸和标识物的识别。无论 FTIR 还是 DI 传感器都必须对几何及图像亮度进行额外校正，其装置目前在健壮性方面还存在一定缺陷。这类传感器在实际应用中可以通过必需的光学路径和投影显示屏相结合。目前也出现了基于光学原理的商业交互式界面，如微软的 PixelSense[①]。光学传感器直接嵌入屏幕的显示元件，这样整个屏幕就变成了图像传感器。这种技术可以识别手指、手掌、物体和光学标识物，不需要校正，对干扰有着较好的健壮性。

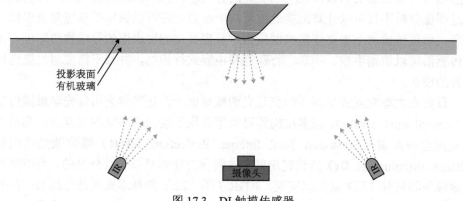

投影表面
有机玻璃

IR　　　　　　摄像头　　　　　　IR

图 17.3　DI 触摸传感器

　　FTIR 技术的概念率先由 **Jeff Han** 于 2006 年推出，由此拉开了交互式界面研究的真正发展。由于多触点桌面的造价低廉，许多研究小组开始了基于此的交互研究。由此出现了很多实验性质的概念，这些概念可以由以下的模型来描述。

17.1.2　Buxton 的三状态模型

　　Bill Buxton（1990）通过自动状态机的形式对图形用户界面中交互的不同状态之间的转换进行了描述。起点是**鼠标**（图 17.4（b））。当没有按下鼠标键时，此时的系统处于状态 1（跟踪）。当鼠标在状态 1 中移动时，只会对鼠标光标进行定位，并没有触发图形界面中的任何功能。常把状态 1 称为**悬停**（hover），它会触发界面的一些反应，如对用户界面元素的简短性介绍文字即**工具提示**（tooltip）。当按下鼠标键时，系统转换到状态 2（拖动）。如果按键发生在图标等图形对象上，则系统保持在状态 2 期间该对象都会跟随鼠标移动。当用户释放鼠标后，系统重新转换到状态 1 而对象会停留在鼠标光标的当前位置。

　　虽然基于触摸的交互看起来好像和以上交互很类似，但通过仔细观察可以发

---

①www.pixelsense.com。

现其工作原理是完全不同的（图 17.4（a））。在手指触摸传感器之前，系统处于状态 0（无接触），此时无法捕获手指位置。当手指触摸到**触摸式平板电脑**（touch tablet）的传感器时，系统转换到状态 1（跟踪），此时捕获手指位置并在屏幕上将其表示为鼠标光标。此时手指已经接触到屏幕上了，因此不可能到达状态 2（拖动）。可以额外建造输入装置，如触摸感应屏幕可以通过重压转换到状态 2 或者使用带按键的笔（图 17.4（c））。很多传感器如目前智能手机上的电容式传感器还未实现这个功能，因此我们必须使用其他方法才能实现大家熟知的**指示**（pointing）和**选择**（selection）等功能。其中一个经常使用的方法称为**释放策略**（lift-off-strategy）。它适用于状态 2 中位置不需改变的图形界面，其工作原理如下：状态 1 还是如前所述的跟踪（或者悬停）状态。为了获取某个图形对象，手指首先要离开传感器（转换到状态 0），然后再选中该对象。目前所有触摸屏上的图形界面如常见的智能手机操作系统 iOS 和安卓（Android）的界面都遵循这个策略。例如，触摸到屏幕上的错误应用图标后，用户还可以将手指移动到正确图标上再放手，这样就不会产生错误的输入。

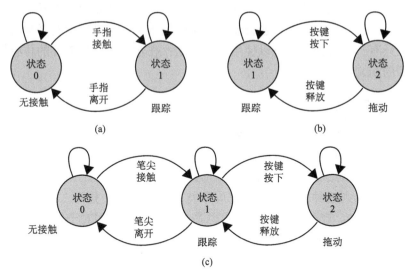

图 17.4　Buxton 关于单点触摸（a）、鼠标（b）和带按键的笔（c）的三状态模型

17.1.3　Midas 触摸问题

在以上分析的情况中，基于标准传感器的触摸输入只能对两个状态进行区别，这就导致了 **Midas 触摸问题**（Midas touch problem）。这个名字要追溯到弗里吉亚 Midas 国王的传说。Midas 向酒神祈祷所有他摸过的东西都会直接变成金子。当他的愿望实现后，却发现了一个意料之外的副作用，例如，他手中的食物和饮

料都直接变成了金子不能吃了。在很多情形下，我们同样不希望看到一旦触摸到触摸传感器就导致位于该位置的对象立即被选中。在简单情形下（如通过传感器按键选中简单功能）尚且可以容忍，但在复杂用户界面中人们常需要第三个状态或者至少能对错误的选择进行校正。有不同的方法可以规避 Midas 触摸问题。

最常见的且不需要额外输入装置的方法是**停留时间**（dwell time）方法。要想选中某个对象就要求手指在该对象上停留一定时间。手指移开则该对象不被选中。在停留时间内可以对错误选择进行校正。过了停留时间后，要么就选中了错误的对象，要么就切换到了其他模式，例如，对该对象进行移动。这个方法无需额外硬件就解决了问题，但是每个交互步骤都需要一定的停留时间，这样交互速度就受到了限制。另一个方法是前面介绍的释放策略，虽然它更适用于选择而不是移动。要完全解决这个问题就需要其他的输入可能性，如按键、踏板或其他传感器等。

Midas 触摸问题同样普遍存在于其他输入模式中：对于只能转动眼球的截瘫人群而言，可以通过**眼动仪**（eye tracker）捕捉眼球运动方向来实现交互。如果屏幕前的键盘上的按键足够大，那么这类用户可以通过盯着相应按键看的方式来实现文字输入。为了选中按键一般会使用停留时间策略，但是速度会受到限制，输入基本上只有一次机会。也可以使用其他方法：在输入中采用额外的传感器以实现对闪烁的识别。

17.1.4　胖手指问题

目前智能手机触摸屏的典型宽度约为 6cm，人类食指尖的宽度约为 2cm。当用食指尖触摸屏幕时，并不能精确地判断相应的触摸点会被识别在哪个位置，因为理论上它并不占用宽度。我们只能提前约定触摸点应该位于手指尖下方某处，如正中间。考虑到这种不确定性，在屏幕宽度范围内只会排布 3、4 个不同的交互元素（如按钮）。在垂直方向上基本也是一样的。手指相对于触摸屏显得比较大，这个问题在文献中被称为**胖手指问题**（fat finger problem）。可以通过如下方法加以解决：常见的智能手机操作系统 iOS 和安卓的开始菜单不再排布 4 个应用图标。

17.1.5　触摸的交互理念

触摸输入的交互理念是一个正处于高速发展的研究领域。初始的触摸传感器（见 17.1.1 节）可以识别单个或多个触摸点，类似于鼠标光标的指示位置，其相应的交互理念只适用于这些点。基于该理念的单个光标已经可以创建出很多交互技术，如第 15 章中的各种菜单技术。通过多触点识别还可以产生额外的技术，如目前在对图形呈现进行缩放时普遍会用到的"**捏**"（pinch）的手势以及为了翻页和滚动而设计的基于触摸传感器的多手指手势。在大型交互式界面上识别出的多个触点可能属于不同的手掌甚至不同的用户,新的问题也会带来新的可能性　(见17.2 节)。

　　人们想要超越单触点,就需要对手掌、手臂、物体与交互界面之间的复杂接触面进行研究,基于此创建的交互理念还未广为人知,仍处于研究阶段。用于描述触摸输入的最新范式如桌面用户界面对象（Table-top User Interface Object, **TUIO**）协议[①]等支持通过轮廓来描述触摸的接触面。另一种可能的方法（Wilson et al., 2008）是通过像素来描述接触面,将图形用户界面建模为物理对象,并模拟接触面对界面对象的物理影响。与 7.8 节描述的基于物理类比的界面理念类似,该输入理念同样提供了可学习性和可操作性。

17.2　大型交互式界面

　　除了广泛使用的智能手机,尺寸相对较大的交互式,界面的出现频率越来越高。例如,在人们日常生活中出现的交互式黑板和桌面,以及在研究中使用的整面墙或地板（Augsten et al., 2010）。在这样的大型界面上可以观察到新的交互效应。和手指大小相关的隐藏问题或低分辨率（见 17.1.4 节）问题转移到了后台,而双手协调和多用户问题则变得更为突出。

17.2.1　双手交互

　　4.3 节介绍了关于双手交互的 Guiards 模型,其中所描述的角色分配对大型交互式界面上的双手交互技术的呈现有着直接影响。对精度和协调性有着较高要求的交互通常属于支配手（通常为右手）,而决定交互语境和模式的粗略任务一般属于非支配手（通常为左手）。图 17.5 展示了一个这样的图形界面。这个界面称为PhotoHelix（Hilliges et al., 2007）,主要用于交互桌面上的照片库的搜索:左手操作一个螺旋形的时间轴,通过旋转可以把不同时间段的照片显示在窗口中,该窗口和手之间保持一定的角度。用户通过旋转物理旋钮可以沿着时间轴进行移动。在时间窗口中出现的事件会在桌面上呈现为一个扇形的图像堆栈。可以用右手从中拉出照片并进行重新分组。右手可以把照片从整个集合中移到桌面上并进行缩放和旋转。当右手执行操纵和协调等细颗粒任务时,左手则用于控制语境（时间窗口）。这样的角色分配通过旋钮和笔等物理工具的**功能可见性**得以实现:旋钮独立实现了旋转功能,并且可以将整个界面移动到桌面的任何其他位置,而笔通过其细小的笔尖实现精确的选择和操纵。

[①]http://tuio.org。

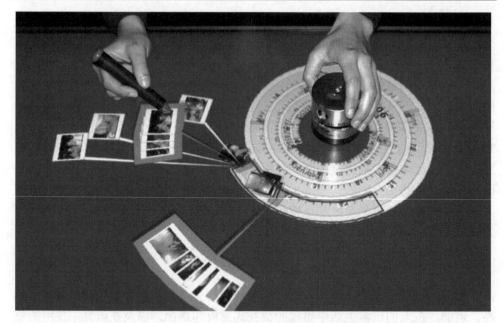

图 17.5 PhotoHelix：物理和图形的混合界面，为双手分配了不同的角色

17.2.2 多用户

多用户同时交互首先出现的问题就是**识别问题**。触摸传感器一般无法确定执行某个操作的是谁的手或手指。而为了实现对数字对象的访问权限，识别问题对于多用户之间的很多非平凡交互是很重要的。在某些特定情况下可以通过一定的常识来化解这个问题，例如，两个用户在一个相对大型的交互桌面旁边相对而站，各自融入自己那端的桌面，在这个简单假设的前提下，桌面右半部就属于用户 A 而左半部属于用户 B，这种方式可以覆盖大多数问题。该启发允许四个用户同时使用同一个四面桌面。

桌面交互还会出现另一个问题：**朝向问题**。如果呈现出的图形元素是方向敏感的，例如，从另一个角度就无法识别或不可读，那么就必须调整朝向。最简单的、可自动实现的方法是使用和识别问题相同的启发。每个对象保证从距离最近的桌面边缘是可读的。其背后的假设是元素仅对最接近的用户最重要。另一个方法是不为用户设置朝向。通过旋转使某个对象适应于其他用户，这样用户会就对象的转换和别人进行交流。这样对象的朝向同时也满足了交流协调的需求（Kruger et al., 2003）。

17.2.3　空间分配

当多个用户分享同一个交互式界面时，他们的空间是彼此划分开的。每个人的动作半径通过完全的可达性如手臂的长度所决定。通常可到达的区域是重叠的，因此必须要遵循额外的设计惯例。针对需要用户协调（如拼图游戏）的任务的研究（Scott et al., 2004）发现每个用户都会定义个人的交互区域，一般位于正对身体的中央位置。这样使得交互区域周围可供使用的托盘区域以及桌面中央共用的交换区域都变小了。经过短暂思考，我们发现这个问题和基于桌面的另一个重要群体活动——吃饭的空间分配是一样的：共用的勺子和盘子放在桌面中央，这样每个人都拿得到。个人的食物会放在身体前面的盘子中进行分割，然后用勺子或叉子取得食物，盘子周围是摆放其他餐具、饮料杯和餐巾的地方。这样的用户界面分配满足了我们在日常生活中获得舒适性的需求。

练　习

1. 为什么目前智能手机的图形用户界面里很少像桌面系统一样使用可移动的图标？利用三状态模型进行分析。

2. 找到一个反例（智能手机或平板电脑上的可移动的图标）并分析怎样可以避免三状态模型的限制。

3. 分析为什么胖手指问题只出现在触摸屏上而不会出现在触摸平板电脑上。如何使用该知识来避免触摸屏上的胖手指问题？讨论关于智能手机交互的现有解决方案。

第 18 章 移 动 交 互

近年来，**智能手机**得到了快速发展。自从 2007 年 iPhone 问世以来，这类设备对于很多家庭而言不再是遥不可及的。智能手机的全球化普及程度不断加大，在发展中国家和新兴市场国家的意义不断加大（Gitau et al., 2010），并有助于技术的迭代。例如，智能手机对运行中的电网和基于电缆的通信基础设施等提出了要求。

其简单的可用性（一直放在身边）和相对于桌面或笔记本电脑较为便宜的价格，使得智能手机成为越来越多的用户在日常生活中最为重要的计算机。智能手机标志着新技术发展的开始，例如，智能眼镜、智能手表或臂带等越来越轻的可穿戴式设备成为发展趋势，用户可以一直携带设备并对服务进行快速简单的访问。针对这类设备的研究领域称为**可穿戴式计算**（wearable computing）。本章将智能手机作为最重要的移动平台，我们所讨论的很多问题也同样适用于基于其他可穿戴设备的交互。这一点将在第 19 章中讨论。

移动交互的特殊性将其和传统桌面 PC 系统（见第 15 章）明显区分开来。最显著的区别在于移动性：移动设备一直在身边，可以装在裤兜里，可以对信息进行快速简单的访问。因此相对于桌面 PC 系统，移动设备经常在较短的时间内使用，我们经常被其他任务打断后再重新进行使用。移动交互的使用要符合使用语境。一个著名的例子是与导航系统等**基于位置的服务**的交互。除了位置信息，其他类型的语境如社交或技术语境等扮演着更为重要的角色。本书将在第 19 章中详细讨论这个问题。移动交互最大的挑战是屏幕很小并缺少合适的键盘。目前移动设备使用了很多类型的传感器以供交互所用。

18.1 可 中 断 性

正如 3.4 节已讨论过的，人们面对很多任务时其注意力会分散，并且需要对多个任务进行并行处理。3.4 节中的例子描述了汽车驾驶员注意力的分散情况，其注意力分散在核心的开车任务和使用导航设备或来回切换电台等其他任务中。另一个关于分散注意力的观点是任务的中断，这在移动交互中扮演着尤为重要的角色。移动设备上有很多功能和应用可以对用户的通知进行回应，这样用户任务可能会被其他活动所打断。相对于桌面 PC 交互，交互语境（见 19.4 节）对移动交互有着更为显著的影响。

电话来电、电子日历中的约会提醒、电子邮件通知、短信和 Messenger 消息等尝试通过视觉的、声音的以及触觉的信号来引起注意，并未考虑用户所处的场景和语境。在最糟糕的情况下这对于桌面交互来讲是很麻烦的，而对于移动交互而言，如果必要的机能受到某个中断的干扰则可能导致尴尬（电话在电影院中响起）甚至是危险的状况（例如，在快速上楼梯的过程中收到短信导致用户摔倒）。更为重要的是，在使用移动用户界面时，用户应该能对可中断性进行控制，包括对中断模式（如声音的或视觉的）的控制以及通知在用户界面中的呈现方式。出于这个原因，安卓操作系统设计了图 18.1 所示的**通知栏**（notification bar），里面收集并显示了多个消息。用户可以通过交互对这个视图进行处理，从而查看不同消息的细节。

图 18.1　安卓通知栏用于收集和显示通知，这样可以减少移动设备上的其他应用所产生的中断

　　任务中断所产生的成本可以通过中断造成的额外时间消耗来定义。我们将时长 T_a 记为用户在无中断情况下完成某个任务所需的时间。用户被电话来电所打断，任务中断，通话结束后任务继续，这就将时长 T_a 分为了两个时长。时长 T_v 记为中断发生前该任务花费的时间，时长 T_n 记为中断发生后直至任务完成所花费的时间。另外时长 T_u 记为中断消耗的时间。这个时长可能很短（如短信通知），也可能很长（如电话通话）。这样总时长 T_g 记为三个时长的总和：$T_g=T_v+T_u+T_n$。如果中断未产生（时间）成本，则有 $T_a=T_v+T_n$，即中断没有对处理时间造成任何影响。通常 $T_a<T_v+T_n$，中断造成的额外时间消耗为 T_0（特殊情况下 $T_a=T_v+T_n+T_0$）其反映为任务的纯处理时间。对计算机用户使用桌面 PC 的大型研究显示这个额外消耗 T_0 可能很大。在使用目前的 Office 应用时，用户在任务中断时平均花费的时间超过 16 分钟（Iqbal and Horvitz, 2007）。对于已用设备上应用中断的研究也得出了类似的结果（Böhmer et al., 2011）。

　　为了减少中断带来的负面效应，有两种策略可以减少 T_0：**预防策略**和**治疗策略**。预防策略的目的在于减少中断带来的负面效应，其中系统在受控情况下执行依赖于用户语境（见 19.4 节）的中断。例如，电话通话过程中的中断意味着系统将延迟中断直至用户（至少是部分）执行完当前任务。

　　治疗策略针对的是中断结束后重新执行任务的情况。其目的在于帮助用户尽可能快地完成原本的任务。例如，Kern 等（2010）在汽车导航系统中使用了这样的治疗策略。这个名为 gazemarks 的策略记录下用户在导航设备的电子地图上所看的最后一眼的位置，并通过可视化方法将这个位置加以凸显。这样当用户重新看回地图时可以快速地继续原本的任务。相对于电子地图上的导航提示任务，该方法有助于降低路面交通事件引起的中断成本。

18.2　显式与隐式交互

本书中介绍的经典交互模式几乎都需要用户通过操作输入设备来指定计算机即将执行的命令（桌面 PC 通过鼠标和键盘进行操作）。这类输入可以通过输入设备有选择地指定计算机所要执行的命令。输入命令行或者通过鼠标光标选中某个菜单条目都将导致命令的执行。这里讨论的是**显式交互**，即用户通过显式命令直接和计算机发生交互。需要注意的是，移动交互可以是基于位置信息的，在移动导航系统内置的移动导航服务中使用地理信息坐标可以促使位置改变和用户意愿之间产生显式关系。用户在导航过程中从起点向目标点方向移动。移动的目的通常在于到达目标点而非嵌入一个移动系统。移动会造成语境的改变，这将控制导航系统并最终导致有关正确时间点和正确位置的路径信息的出现。这种情况下出现的是**隐式交互**，系统的输入由语境决定，而语境一般来讲并不是由用户显式给出或改变的，但语境的改变是取决于用户行为（在导航过程中向着目标点移动）的（Schmidt, 2000）。

隐式交互对于移动系统发展的影响不可小觑，却也利弊分明。其积极效应包括并行的操作性及适应性。例如，人们偏好一款始终能显式给出用户实时位置的导航系统。目前所有相关研究的普遍目标在于将用户隐式地嵌入系统中。**主动计算**（proactive computing）主要尝试开发出一类方法，其依赖于预设的**语境**（见 19.4 节）并能识别用户**目标**，从而可以全自动地支持该目标的实现（Tennenhouse, 2000）。这类系统的成功很大程度上依赖于对用户目标的识别精度以及系统所犯的错误数量。识别能力的提高是下一步重要的目标。

隐式交互的负面效应是用户会感受到控制权的丧失。在很多应用中完全不清楚哪些隐式交互会被用户接受、相应结果的质量如何。应用中对位置信息的自动处理可能会带来严重的泄露隐私的感受，例如，用户在不知情的情况下做出了隐式交互，这可能导致有深远影响的后果。隐式交互越多样、越复杂，就越难受到用户控制。因此应用系统的机制对用户而言不再是**透明**的了。因此在用户界面开发过程中，应考虑到以上这些因素并允许用户对应用语境信息进行查看和控制。

18.3　小屏幕上的可视化

本章已多次提到移动交互的一个显著劣势：屏幕很小。和桌面 PC 的大屏幕相比，移动交互中的大面积的内容只能通过窥视孔进行观察，而且小屏幕也不太符合人体工学（见 17.1.4 节讨论过的胖手指问题）。这种交互形式称为**窥视孔交互**

（peephole interaction）。基本来讲，当视觉内容比窥视孔大时，有两种方法对视觉
内容进行访问：要么移动视觉内容，要么移动窥视孔。第一种情况称为**静态窥视
孔**，这是几乎目前所有智能手机在浏览大型电子地图的应用中都会使用的方法。
图 18.2（a）展示了这种情况，通过按键或手势来移动窥视孔中的内容，这样窥视
孔相对于内容而言是静态固定的，而内容是在其下方动态移动的。图 18.2（b）显
示的是第二种情况：通过移动窥视孔来访问不可见区域。这样窥视孔相对于内容
是动态的（**动态窥视孔**），研究表明动态方法在视觉信息的访问和比较方面明显优
于静态方法（Mehra et al., 2006）。两种方法的**心理模型**是不一样的（见 5.1 节和
5.2.2 节）。动态窥视孔的实现对技术有着较高的需求，因为动态窥视孔的移动必
须经由传感器技术来获取和翻译，而静态窥视孔通过简单的触摸手势就能实现。
从人体工学角度来看，动态窥视孔可能存在一些问题，由于设备必须移动，所以
长时间的交互可能会导致疲惫。

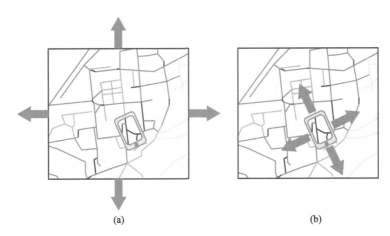

图 18.2　通过（a）静态窥视孔和（b）动态窥视孔探索超出小屏幕（窥视孔）尺寸和分辨率的
可视化内容

　　一种解决方法是通过可缩放用户界面（见 9.2 节）来显示大型视觉内容。小
屏幕会使焦点和语境问题变得严重，它们之间的区别会更加显著（见 9.3 节）。针
对小屏幕移动设备上的焦点和语境问题的一个解决方法是令用户关注窥视孔中不
可见的内容即位于屏幕之外的内容。可以为用户提供一个当前屏幕视图之外的相
关内容的缩略图，这样可以简化电子地图上的内容搜索。与之相关的可视化称为
离屏可视化（off-screen visualization）。
　　离屏内容的有效呈现方法应该向用户传达两方面信息：离屏内容距离屏幕边
缘的方向和距离。Baudisch 和 Rosenholtz（2003）由此推出了 Halo 方法。在这个
可视化方法中，每个位于窥视孔之外的相关对象周围都会画一个圆，其半径保证

圆的某些部分会出现在窥视孔里。该对象的方向取决于出现在窥视孔中的这个部分，而该对象的距离则取决于可见圆弧的曲率。图 18.3（a）显示，离得近的对象的圆弧比较小、曲率较大，而离得远的对象的曲率较大、出现在可视化中的部分也较多。Halo 方法的使用改善了关于对象的空间感受，相对于简单的箭头，其在搜索任务中的优势已得到证实。该方法对于少量离屏对象的效果很好。但对于离屏对象较多、圆弧也较多的情况，该方法很快就会变得不可读。Gustafson 等（2008）推荐将圆弧改为楔形从而实现了可视化的改善。如图 18.3（b）所示，窥视孔中会出现钝的楔形。不可见尖端的位置取决于离屏对象的位置。楔形可视化方法具有三个自由度，可以预防重叠的产生。楔形可以很容易地朝着离屏对象旋转，从而和楔形尖端的开口度保持一致并对楔形长度进行修改。相对于刚性的圆弧，楔形可视化对信息内容的丢失更少。Halo 方法可能导致圆弧之间严重重叠，而 Wedge方法可以通过调整楔形的旋转度、开口度和长度来避免该情况的产生。

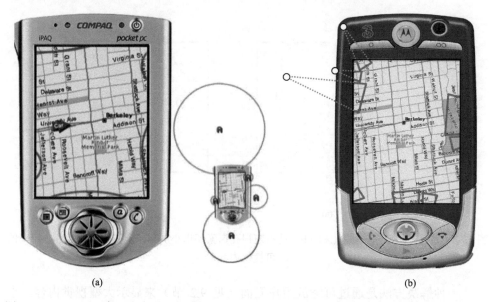

(a)　　　　　　　　　　　　　　　　　　　(b)

图 18.3　（a）用于离屏内容可视化的 Halo 方法，屏幕之外的内容通过一个圆形截面显示在屏幕上，（b）Wedge 方法将圆弧替换为楔形，其不可见尖端指向屏幕外元素
（Baudisch and Rosenholtz, 2003; Gustafson et al., 2008）

18.4　移动交互理念

移动设备的特殊性在于其在移动应用的操作中会用到的交互理念。移动设备屏幕小并且在移动中使用，这导致传统的输入理念失去了意义。由于缺少键盘和

鼠标等输入设备,桌面 PC 的 WIMP 概念(见 15.2 节)无法转换到移动交互中,例如,将 Windows CE 移植到第一代移动 PDA(个人电子助手)设备上的尝试几乎没有取得过成功。移动设备上类似鼠标的输入通常发生在触摸屏幕上,但并非是 1∶1 进行转换的,因为手指或手写笔交互的输入精度明显差于个人计算机上的鼠标(见 17.1.4 节关于**胖手指问题**的讨论以及 17.1.2 节的三状态模型)。

当经典的 QWERTZ 键盘继续作为移动操作系统的组成部分时,由于它是作为虚拟键盘出现在**触摸屏**上的,所以与桌面 PC 键盘相比它的人体工学性能明显差一些。缺少物理按键、尺寸普遍偏小,这使得虚拟键盘的表现明显落后于物理键盘[①]。**移动语音输入**的最大优势在于不需要占用手,因此特别适用于与移动设备的交互。当前的移动操作系统 iOS 和安卓都有嵌入的语音处理功能,可以用于普通文本输入(如电子邮件的语音输入)或移动设备的控制(如启动智能手机上的某个应用)。基于对计算能力和存储容量的高需求,语音处理并不是在移动设备上完成的,而是通过特定服务器实现的。因此该功能只有在移动设备有网络连接的情况下才能使用。语音处理系统可以是**不依赖发音者**或者**依赖发音者**的。不依赖发音者的语音处理可以不经过训练阶段直接应用于某个人。这一优势对应的是较高的识别错误率(Lee and Hon, 1989)。利用神经网络可以很快取得明显的改善,获得**深度学习**(deep learning)行为(Deng et al., 2013)。依赖于发音者的语音处理需要通过用户进行训练,获得具有较高可靠性的针对特定用户语音输入的识别,**隐马尔可夫模型**(hidden Markov model)(Huang et al., 1990)是一种经常用到的训练方法。不依赖发音者的系统受到了大量的讨论,其允许的输入类型较多,这在移动操作系统的使用中尤其需要。依赖发音者的系统经常应用于高度定制的领域,这些领域需要较高的识别率因此需要训练。典型的使用情景是基于语音的仓库管理员或放射科医师的支持系统(Langer, 2002)。

大多数移动设备所具有的**触摸屏**允许使用各种触摸手势。通过和基于小屏幕的可视化方法(见 18.3 节)相结合,用户可以有效地使用交互技术。因为要用一只手握住设备,所以移动设备适合用于单手触摸交互,这样可能的手势种类也就减少了。在手握住设备的同时还想用同一只手进行设备操作,这时候就出现了单手交互有趣的变种。通常只能通过拇指进行操作,在这些情况下受人体生理学和屏幕大小所限,交互能达到的范围并不是全屏的。可以使用机器学习来提高输入精度(Weir et al., 2012)。

除了基于触摸感知的屏幕上的手势外,还有第二类移动设备上基于手势的交互理念:基于设备本身的**手势交互**。内置传感器(见 18.5 节)允许对移动设备的

[①]熟练用户利用物理键盘每分钟可以输入超过 100 个字,而使用单手操作的虚拟键盘每分钟最多只能输入 50 个字。

运动轨迹进行收集，通过适当的算法可以实现对所用手势的识别（Ballagas et al.，2006）。图 18.4 展示了十种可以在移动设备上轻松执行的手势。其中一些手势也用于基于手势的游戏机，如任天堂（Nintendo）的 Wii、微软的 Xbox 以及索尼（Sony）的 Playstation 等。这类手势通过健壮的方法可以在移动设备上实现 80%的识别率（Kratz and Rohs, 2010）。

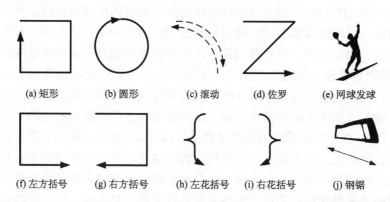

图 18.4　一组简单手势，可用于移动设备，识别率可达 80%且相对健壮（Kratz and Rohs, 2010）

　　手势允许全新的交互理念，不仅可以应用于设备本身，也可以在设备上方或周围用单手或双手进行交互。一般称为**环绕设备交互**（around-device interaction）。其通过智能手机的传感器来获取周围的环境信息。可以使用 2D 或 3D 的摄像头或距离传感器，通过红外光等对移动设备旁边或上方的手势进行捕捉（Kratz and Rohs, 2009; Butler et al., 2008）。使用**深度摄像头**可以获取三维空间内设备周围的手势，从而允许手像 3D 鼠标一样和移动设备上的复杂 3D 图像进行交互（Kratz et al., 2012）。随着移动设备的不断缩小以及识别算法性能的提高，未来还会出现更多的移动交互理念。除了上述提到的深度摄像头，**眼球运动的移动记录**在移动设备交互中具有很大的潜力。在很多情况下眼球运动的记录并不是一种健壮的交互方式，但是它在错误解释方面还是可以达到用户期望的目标的（类比于 17.1 节介绍的 Midas 触摸问题）。该方法可以和其他方法（如手势）相结合从而成功地应用于移动情景之中（Istance et al., 2008）。

18.5　移动传感器技术

　　如前面章节所述，很多移动交互理念都需要内置传感器，而这些传感器在现代智能手机中已经有很多了。现代移动设备一般拥有超过十种传感器或者可以作为传感器的发送/接收装置。图 18.5 以 iPhone 为例进行了展示，**GPS** 芯片可以用于室外位置的高精度（定位精度达到米）定位，经常用于由导航系统控制的隐式交互（见 19.4.4 节）。三个**旋转加速度传感器**用于三维空间内旋转的精确定位并且可以捕捉到位置的改变。三个**线性加速度传感器**用于测量线性加速度，从而可以推导出设备位置的变化。所有现代加速度传感器都基于半导体技术，旋转加速度传感器则是基于另一种称为**陀螺仪**（gyroscope）或**陀螺传感器**（gyro sensor）的机械技术。这两种类型的加速度传感器是互补的，可以获得关于位置和方位的完整信息（Barbour and Schmidt, 2001）。这样在设备上实施的手势就能得到识别（见 18.4 节）。一个典型的例子是通过晃动手机来撤销删除操作。除此之外，加速度传感器还形成了一个**运动传感 6 自由度跟踪器**，从而可以在智能手机上实现 **VR** 或 **AR**（见 20.2 节）。**磁力传感器**可以测量地球磁场，因此可以像指南针一样在导航中确定设备的方位。在研究领域中还将磁力传感器用于室内定位，前提是环境中安装有磁力标识物（Storms et al., 2010）。

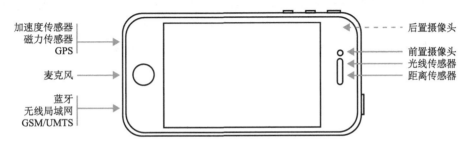

图 18.5　现代智能手机中集成传感器的示例：拥有十种以上传感器的 iPhone

光线传感器可以测量环境亮度，使设备可以根据环境亮度对屏幕亮度进行自动调节。内置**摄像头**是特殊的光线传感器。很多现代设备都有两个及以上的摄像头，这些摄像头通常具有不同的分辨率和功能范围。摄像头对于移动交互非常重要，不仅可以用于接收图像，还可以传递很多其他信息。可以通过摄像头图像中点的特征运动来计算移动设备的特征运动。这样可以用于全景图的生成或移动手势的识别。结合视觉标识物和相应算法，摄像头可以作为**光学跟踪器**用于特征识别（见 20.2 节）。内置麦克风（通常会和第二个麦克风结合以抑制噪声）不仅用于语音电话，还可以进行一系列的移动服务计算，例如，对电台里播放的音乐名称进行自动识别以及语音服务对话（见 18.4 节）。

每个移动设备都会使用 GSM/UMTS 模式等通信技术来实现语音和数据通信。通常在无线局域网内通过蓝牙和周边设备进行连接。该部件的主要功能在于数据传输，也可以作为传感器实现移动设备和其他基础设施的通信。移动设备的传输能力是受限的，信号强度随距离的增加呈二次方降低，导致只能够对接收方距发送方的距离及传播方向进行大致估计。该方法可以和其他通信方式特别是无线局域网相结合来实现没有可靠 GPS 信号情况下的建筑内的定位（Liu et al., 2007）。

　　一些移动设备上利用**近距离无线通信技术**（Near Field Communication, **NFC**）来实现设备和对象的通信及识别。NFC 的特殊性在于非常近的距离（几厘米）以及私密性，该技术在特殊应用领域如移动支付方面有着重要的意义。NFC 也可以用于交互，在安装有 NFC 标签的环境中可以通过这些标签来检测移动设备的运动。可以将 NFC 标签嵌入海报（Broll et al., 2009）或建筑物导航图中（Ozdenizci et al., 2011）。

练　习

　　1. 以智能手机上的长时通话为例讨论其可中断性。列举出电话来电中断会造成问题的三种情况。分别考虑一条可降低中断成本的预防策略和治疗策略（见 18.1 节）。描述交互语境（见 19.4 节）在这些情景中所扮演的角色。

　　2. 讨论智能手机上的一种简单的手势控制（图 18.4）。通过手势可以使智能手机上的哪些功能变得简单、哪些变复杂、哪些根本就不能执行？

　　3. 讨论动态和静态窥视孔的区别。举出您会偏爱其中一种方法的应用实例并说明原因。

第 19 章　普适计算

普适计算（ubiquitous computing）是随着计算机的小型化及其在人们生活环境中的分布和嵌入而出现的，移动计算机是明确属于普适计算范畴的。如今人们在高度设备化的、经由计算机渗透的环境中运动。一个典型的例子是如今的豪华型汽车，里面有超过 100 个针对不同任务的处理器。移动计算机已经充斥着我们的生活，例如，智能手机和汽车相连接，通过车载立体声播放音乐或者使用车内的数据或语音服务。从 HCI 角度来看，**普适计算**在交互系统应该如何发展方面成为一个重要的里程碑，并提供了相应的范式转变。

基于这个概念，**Mark Weiser** 在 20 世纪 90 年代初提出了第三代计算机及其交互原则，而第一代指的是大型主机、第二代指的是桌面 PC（Weiser, 1991）。区别在于用户数量和所使用的设备数量之间的关系。大型主机针对的是多个用户（$n:1$ 关系），桌面 PC 针对的是一个用户（$1:1$），但**普适计算**就不一样了：一个用户面对多台计算机（$1:n$）。图 19.1 展示了该模式随时间的演变。其带来的各种技术组件的协调导致交互范式与传统交互有着本质区别，进而形成了目前 HCI 的主要挑战及大量的相关研究。

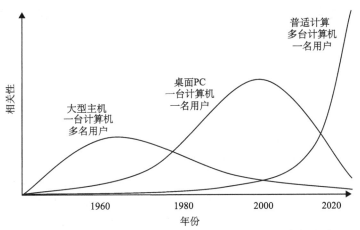

图 19.1　在普适计算中，每个用户与嵌入用户环境中的多种
计算设备进行交互，这与传统的多个用户与一台计算机进行交互的
大型主机模式以及每个用户仅拥有一台计算机的 PC 模式形成对比

桌面 PC 的交互通常发生在一个明确的环境中：光线条件几乎是恒定的，用户位置基本不变（多数是坐着的），交互设备是可控且熟悉的（键盘和鼠标，见第

15 章）。这种刚性的**交互语境**具有一些优势。它允许在设计过程中引入多个假设，例如，一个用户如何聚焦于某个应用的使用，屏幕分辨率有多高以及交互中起作用的是哪种人体工学框架（例如，鼠标在桌面上的位置以及手臂的运动自由度）。

　　正如第 18 章中介绍的，以上很多假设在移动交互环境中都是不存在的。设备的移动性使得交互语境变得多层次，但是其可预见性却降低了。一方面这使得设计过程变得更为复杂，而且和桌面 PC 的设计过程相比在很多方面都有着很大的区别。另一方面通过对语境的考虑可以产生全新的、在桌面 PC 上不能实现的交互可能。将交互中用户环境的多层次因素纳入考虑是**普适计算**中必须考虑的重要设计元素。Weiser 也将**普适计算**称为**安静计算**（calm computing），因为在他看来对技术感知的决定性变化是通过用户实现的（Weiser and Brown, 1997）。其他科学家如德国信息学家 Streitz 和 Nixon（2005）主张**消失的计算机**的观点，并对消失的光学及认知现象进行了描述。普遍观点都认为计算机本身不再扮演任何概念性的角色，而只是对任务进行支持。在这种类型的**透明度**（见 5.2.1 节）中偏移减少了，但是出现了新的问题：当不再有可见的用户界面存在时，用户很难识别所处环境中有哪些功能可供使用以及如何使用。因此必须找到**功能可见性**（见 7.1 节）等其他的解决方法，令设备化环境中的功能性重新变得可见。在 19.3 节介绍**实物用户界面**时会再对这个问题及其可能的解决方法进行讨论。

延伸阅读：Mark Weiser（1952—1999 年）

　　在**普适计算**最初的概念发展阶段，Mark Weiser 正就职于当时领先的信息机构：位于 Palo Alto 的 Xerox Parc。他作为计算机专业的学生成长于 20 世纪 70～80 年代计算机理念发展的时代，从 1987 年开始参与 Xerox Parc 一系列未来技术理念的开发。他在那个时候就提出了当今智能手机、平板电脑以及交互式电子白板（当时分别称为 tabs、pads 和 boards）的基础性概念。在他去世将近 20 年后的今天，所有商业计算机都属于这个类别。Mark Weiser 的主要贡献在于有远见地预见了计算机在将来会深刻影响人们的日常生活。他提出了高度网络化、高自由度及高通信能力的分布式计算系统，这在今天属于**物联网**（Internet of Things）（Ashton, 2009）范畴（在当时他还没有提出这个概念）。Mark Weiser 首先提出了**普适计算**的概念，将用户从键盘鼠标等传统交互理念的人体工学和认知限制中解放出来，并建立了未来更侧重于人类的交互模式。Mark Weiser 由于伟大的、有远见的贡献被学术界所铭记，例如，将每年的 Mark Weiser 奖颁发给现代操作系统领域具有创造力和创新性的工作。

19.1 普适计算的技术基础

以下三大基本趋势促进了普适计算的发展：小型化、器件网络化以及电源自治。正如 6.3 节所描述的，当计算能力恒定时，摩尔定律在一定程度上促进了器件的小型化。小型化使得计算能力可以嵌入日常物品中从而形成特殊信息处理设备即**信息设备**（information appliance）（见 19.2 节）。

第二类技术驱动力是通过无线通信技术的改善实现嵌入式计算器件的网络化。目前主要趋势有两类，一类是基于传统网络协议 TCP/IP 的器件网络化，另一类是基于非常节电的无线电标准的发展，如 ZigBee 标准[1]、Bluetooth Low Energy[2]以及 Ant+[3]。这两类发展促进了网络化的、部分网络兼容设备的出现，同时也出现了一系列新的需求，例如，当前普遍使用的 IPv4 标准的网络地址受限。新的 IPv6 标准虽然解决了这个问题，但是目前尚未完全就绪。网络化带来的世界范围内的连接增长以及嵌入日常物品的组件也称为**物联网**（Ashton, 2009）。与此相关的技术和设计需求正是当前的研究对象，有一系列相关的期刊和国际会议。

小型化的最大需求在于电源自治。电池技术的小型化明显滞后于处理器和存储部件的小型化进程。智能手机等很多移动设备的形状因此受到电池所需尺寸的影响。嵌入部件越小，所需的能量就越少。然而由于无线通信的存在，即使采用上述节能方法仍然需要相当大的能耗，使得这个问题再次加剧。低成本、高能量密度的电池技术的发展成为国际性研究课题。

19.2 信 息 设 备

相对于桌面计算机的一台机器处理各种任务的模式，**普适计算**提供的是另一种模式：不同设备对应于不同任务，设备相对于任务在计算和通信能力上都是可以胜任的。与烤面包机等专门针对某一特定任务所设计和优化的家用设备类似，**普适计算**专门针对的是需要进行信息处理的任务，是一类特殊的设备而非普通信息处理机器。从设备（appliance）一词而来的**信息设备**概念就代表这类特殊的信息工具。**Don Norman** 在 20 世纪 70 年代末首次应用了当时苹果公司员工 **Jef Raskin** 提出的这个概念。Norman（1998）自己是这样定义这个概念的："……处理文字、图像或视频等信息的设备。设备针对某个特定的任务如阅读、观察图片、

---

[1] https://www.zigbee.org。

[2] https://www.bluetooth.com。

[3] https://www.thisisant.com。

听音乐及看电影等。该设备的另一个特点是网络化，可以和其他设备进行信息交换。"

　　根据这个定义，由于无法和其他设备进行相关信息的交换，所以传统用于播放磁带的随身听或 CD 机就不符合该定义。而亚马逊的 Kindle 等电子书阅读器由于可以和其他用户及设备进行信息交换，所以符合该定义。**信息设备**的其他例子还包括现代导航设备、运动手表、网络秤以及数字相框等。Weiser 将**普适计算**理解为**虚拟现实**（见 20.1 节）的另一种表现形式：不是通过计算机的帮助将物理世界数字化，而是通过数字组件来丰富物理世界。其中**信息设备**就是一个示例。

19.3　实物用户界面

　　将计算能力嵌入物理世界中会直接产生一个问题：用户如何和这样的设备化的环境进行交互。计算器是嵌入环境中的，因此就不存在鼠标或触摸屏等显式的输入可能。**George Fitzmaurice** 等（1995）提出**可抓握用户界面**（graspable user interface）的概念，认为可以利用环境中物体的物理属性及其相关的**功能可见性**（见 7.1 节）。**Hiroshi Ishii** 和 **Brygg Ullmer**（1997）后来又提出了**实物用户界面**（Tangible User Interface, TUI[①]）的概念。**TUI** 为设备化空间或设备化物体的用户交互提供了一种自然的交互理念：物理交互位于前台，允许用 18.2 节描述的隐式交互的概念对数字信息进行同步操纵。

　　相对于传统的 WIMP 理念（见 15.2 节），TUI 的输入并未局限于二维空间，对物理对象的操控通常允许更多的自由度。其功能也不局限于某个特定的输入设备（如鼠标）。因此 TUI 从本质上看是**多模式**的（Oviatt et al., 2017）。它还特别使用到了人类的触觉操纵能力以及早在多年前就已发现的**触觉感知**（见 2.3 节）。输入和输出相互分离，这与 WIMP 概念背道而驰。这意味着输入、输出通常会跟随自身对应的对象，而 WIMP 理念中的输入（如通过鼠标）则根据输出（如显示在屏幕上）进行了空间分割。TUI 通过使用投影仪或灵活的嵌入式屏幕将物理对象的输入、输出结合起来。作为景观设计规划工具的 Illuminating Clay（Piper et al., 2002）就是一个示例。如图 19.2 所示，系统支持交互式的景观分析，例如对斜坡的腐蚀属性的动态分析：用户通过双手操纵某个特定 Knet 模型以形成任意的地形形状。激光传感器实时捕捉到相应变化，并通过投影仪将分析结果直接地、无失真地投影到模型上。

---

①德语译法"可抓握的交互"虽略显笨拙，却一语双关。

(a)　　　　　　　　　　　　　　　　　(b)

图 19.2　（a）Illuminating Clay 系统（允许对景观模型进行直接操纵，并对模拟结果进行同步可视化），（b）REACTABLE（一个基于 TUI 和相应可视化的交互式音乐合成器，特别适合于现场表演）

　　许多 TUI 建造于传统交互理念基础上，如第 17 章介绍的交互式界面。音乐合成器 **REACTABLE**[①]由一个圆形的交互式桌面组成，在桌面上可以通过对物理代币的操纵来实现对合成声音的改变（图 19.2）。用户可以改变代币的相对位置和方位。合成声音不仅可以实时产生，还可以在交互式界面上得到可视化呈现。多位世界知名的音乐人都在现场表演中像演奏传统乐器一样使用过 REACTABLE[②]。另外一个例子是由日本设计师 Nishibori 等设计出的合成器 Tenori-on（Nishibori et al.，2006）。它由一个有 256 个交互器件的矩形框组成，每个器件都填充了一个 LED。通过和器件的交互来操纵声音，LED 会同步将产生的声音进行循环可视化。通过物理对象在桌面上同步产生音乐和**多模式**的声觉音、视觉输出可以制造出特别的氛围，因此很适合于公开演出。

　　近二十年来出现了大量的 TUI 理念。在 **Bernhard Preim** 和 **Raimund Dachselt**（2010）以及 **Orit Shaer** 和 **Eva Hornecker**（2010）这两本书中有对该理念的概要介绍。

19.4　交 互 语 境

　　计算机的应用语境在**普适计算**里扮演着很重要的角色。忽略语境的交互系统在**普适计算**时代有可能是无法使用的。要考虑交互所处的语境，第一个需要回答的问题就是如何理解语境之中的各种关系，以及它们如何体现在与多种设备的交

---

①https://reactable.com。

②冰岛音乐人 Björk 在她的 2007 年世界巡回演唱会上就用过 REACTABLE。

互中。在探索普适计算环境中，交互语境所扮演的角色方面具有里程碑意义的两个项目是 20 世纪 90 年代初的 Active Badge（Want et al., 1992）和 Parctab（Want et al., 1995），它们都考虑到了系统交互中的用户语境并将其应用到了交互中。两个项目中的语境都是通过以下 3W 问题来表征的。

（1）用户在哪里（where）？

（2）用户周围有谁（who）？

（3）用户能使用的服务有哪些（what）？

最关键的是要明确以上问题在不同的时间点有不同的答案。然而始终存在的一个问题是对于某个特定应用而言哪些语境是相关的，不是每个时刻都能考虑到以上问题的所有可能答案。研究者 **Anind Dey** 对**语境**做了如下定义：语境包含能将情景表征为一个实体的任何形式的可用信息。实体可以是与用户和应用之间的交互相关的一个人、一个地点或对象。因此用户和应用也属于语境的组成部分。

通过前面 3W 问题和以上定义可以将语境分为三种基本类型：**物理语境、社交语境**和**面向服务的语境**。这三种语境类型并不是相互独立的，而是相互依存的。

19.4.1　物理语境

物理语境最重要的特点是用户的地理位置。这是获取其他信息的关键，在移动交互范围内是可用的。例如，导航系统为了提供有意义的路径信息（见 19.4.4 节）显然是需要用到用户位置信息的。其他物理特点都属于这类语境，例如，环境的亮度和光线强度、环境中的音量大小以及背景和前景噪声类型、该地点的温度、日期、用户的当前速度和加速度、用户在空间中的方位、用户使用的交通方式（例如，走路或使用公共交通工具）。这样的信息有助于推导出位置的时间变化模式（Liao et al., 2007）。可变的技术框架条件也属于物理语境，例如，无线网络的可用性或可用数据连接的带宽以及用户能访问的其他设备等。

19.4.2　社交语境

社交语境描述了用户周围都有谁。它一方面包括环境中人员的位置信息，另一方面也包括这些人对于用户的社交重要性，例如，是朋友还是家庭成员；工作或学习的同事是否在周围。Facebook 等社交网络可以帮助将直接环境中的好友显示出来以供用户联系。在其他情景中对社交语境的评估则可能出于相反的意图：在移动导航中可以通过大量用户的累积来为高速公路上的车辆提供出行策略从而成功避免拥堵。而在荒野之中的徒步旅程则可能两者都需要（依赖于社交语境）：定位到志同道合的人来共享一段有趣的徒步经历，或者避开这些人、独自享受旅程（Posti et al., 2014）。对社交情景的重视在自身隐私范围的控制方面起到了重要作用。社交语境在多用户的移动游戏特别是组团游戏中扮演着重要的角色。早期的例子是 Human Pacman 游戏，玩家在日常的物理环境中扮演 Pacman 游戏角色，对手则扮演想要抓住他的怪兽（Cheok et al., 2004）。

19.4.3 面向服务的语境

基于物理语境可以向用户提供众多的服务。以上提及的 Active Badge 和 Parctab 针对的都是办公室环境，因此办公室服务位于前台，例如，办公室内的打印机应用、电话的自动转接以及访问权限的分配等。此外，用户还应该能够使用网页服务和日历服务，从而简化同依赖于其他语境因素的、位置不同的用户的预约协商。典型的移动服务包括适宜的公共交通方式及其转乘信息的搜索，以及在增强现实技术（见 20.2 节）的帮助下对环境中的标牌进行翻译的服务[①]。可用服务的数量一直在快速增长。广为传播的智能手机操作系统的应用商店里有多于100000 个应用，其中很多应用已经开始提供依赖语境的服务。很多研究工作正在探索根据用户语境向其推荐有用应用的可能性（Böhmer et al., 2011）。当前的智能手机操作系统也在进行这样的尝试，虽然还没有取得令人信服的成功。

19.4.4 语境敏感性：以行人导航为例

事先考虑到前面章节介绍的交互语境的交互系统称为**语境敏感系统**。本节主要针对移动导航系统来讨论这种**语境敏感性**。导航的例子以及如何对其进行技术支持已经在本书中多次讨论过，其需要考虑到一系列的 HCI 因素。导航属于典型的人类认知能力范畴，它越来越多地受到计算机的支持，并且每个人都会遇到。导航系统有各种不同的表达方式：人们可以求助于特定设备的导航服务，软件是安装在智能手机或 PC 上的；或者使用汽车内置的固定导航系统。在这些情况下，从 HCI 角度来看需要考虑使用到的框架条件的不同。

接下来我们并会关注导航系统的所有类型，而是重点关注近年来出现的**行人导航系统**。这类系统一般都结合了硬件和软件，开发目的是专门用于支持行人导航问题。汽车导航系统早在 20 世纪 80 年代初就已实现商业化，而行人导航系统出现在商业领域的时间则相对较晚。研究领域早在 15～20 年前就开始了行人导航系统的设计及其 HCI 需求的探索。图 19.3 展示了不同年代的行人导航系统的可视化界面。值得注意的是早期 3D 图形的嵌入，它可以为行人在市区地标建筑物的呈现方面提供有益的定位帮助。相对于汽车导航，行人显然走得慢，因此有更多的时间在环境中进行自身的定位。

---

① 一项相关的服务早在 1993 年就已由 **Wendy Mackey** 在其研究工作中加以描述。从 2010 年开始就出现了相关的商业服务，如 World Lens 服务从 2015 年开始已出现在安卓智能手机的谷歌翻译中。

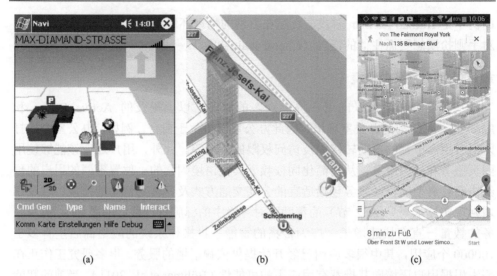

(a)　　　　　　　　　　　　　(b)　　　　　　　　　　　　(c)

图19.3　为行人开发的地图可视化示例：（a）2003年的一个早期研究原型系统（Wasinger et al.,
　　　　2003），（b）2009年第四版的诺基亚（Nokia）地图和（c）2014年的谷歌地图

　　行人可以将自己的速度与当地的现实进行更好的适配，例如，他可以停下来
进行定位。这一点对于汽车导航来讲原则上也是可以实现的，但是明显要难得多
（前提是保证不会干扰到交通状况）。行人有更多进行定位的可能，因为在行走过
程中头部可以自由运动而不是固定注视在某条街道上。相对于驾驶员，行人可以
选择建筑物之间或公园里的小路，不仅运动自由而且可以在建筑综合体里行走。
这些事实从HCI角度来看显著地提高了对行人导航系统的人机交互的需求，因此
应成为下一步研究的对象。

　　接下来谈一谈适应性即系统的适应能力以及它对HCI带来的影响。随后会讨
论行人导航系统需要实现的不同模块。最后将讨论混合型导航系统即使用了不同
组件、从普适计算角度来看是嵌入环境的导航系统。

　　能够适应不同语境的系统称为**自适应系统**（adaptive system）。正如前面章节
提到过的，行人导航系统需要考虑的语境因素有很多。接下来我们以两种因素为
例进行讨论：用户速度及用户环境。一般来说，行人的平均速度约为5km/h。实
际的速度肯定是有显著波动的，例如，行人在大量人群中移动、上楼梯、停住或
者快跑等。行人必须通过共享注意力（见3.4节）来记住周围的环境。研究表明
行人的年龄和路径的组成有着明显的影响（Knoblauch et al., 1996）。自适应行人
导航系统必须适应这些问题并对可视化进行相应调整。研究项目ARREAL针对行
人导航系统首次提出了一些概念，路径和环境信息的可视化适应于用户速度以及
位置识别精度（Baus et al., 2002）。图19.4展示了相同导航情景针对不同用户速度
（从行走到跑）以及系统对用户定位的不同精度（5～20m）而产生的四种不同的

可视化。

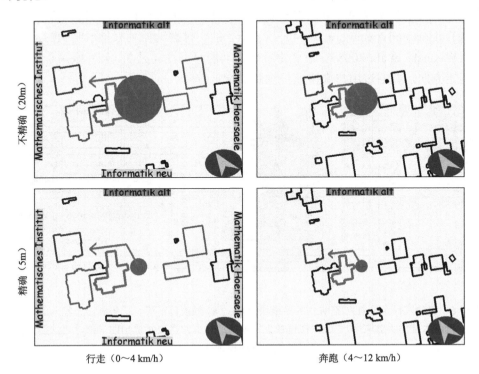

图 19.4 2000 年的行人导航系统 ARREAL 的图形适应能力示例，根据定位精度和用户速度，
用户位置和简介有着不同的呈现方式

车辆内部附加的传感器如 GPS 定位装置以及行驶传感器一般来讲都是比较健壮的，但是在行人的环境中（如家里或建筑物内）却没有可靠的 GPS 接收装置。这样就为定位带来了很大的不精确性。系统方面可以利用合适的方式通过和用户通信来避免导航出错。当定位技术完全失败时，系统应该为用户提供自定位机会，例如，系统询问潜在可见的地标建筑物，通过对话的方式帮助用户进行自定位（Kray and Kortuem, 2004）。

行人导航系统应该接受**多模块**输入，而其受一系列约束条件制约。这在导航目的地的输入时就有所体现了，一般应该优先提供语音输入。但在导航自身的交互中，例如，当用户想从电子地图中推导出更多信息时，如果只有一种模块可供使用（如只有语音或只有手势），则会严重影响可用性。在这种情况下应该提供多模块的输入理念，多个模块之间应该相互结合。行人导航系统多模块移动交互（MultiModal Mobile Interaction，M3I）（Wasinger et al., 2003）结合了语音输入和基于电子地图的手势（图 19.5）。由于手势和语音在人类交流中扮演着很重要的角色，所以这两个模块的互补使得识别变得更加健壮而且更加自然。输出在理想状态下也应该是**多模块**的，可以将导航提示通过振动来进行传递，例如，通过对臂带（Tsukada and Yasumura, 2004）或者鞋子的实时振动控制来指示明确的行走方向（Watanabe et al., 2005）。后者中鞋子的功能可见性（见 7.1 节）取决于所控制的行走方向，并通过用户来快速记录新的行走方向。

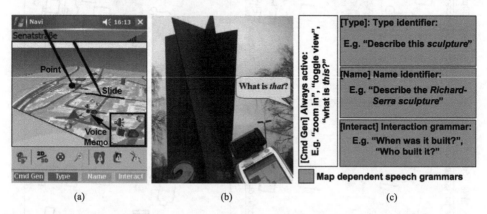

图 19.5 移动式行人导航系统 M3I 的多模块交互：（a）触摸显示屏上手势和语音输入的结合，（b）设备本身的手势应用，（c）在语音识别期间通过卡片摘要预选出的一部分语法摘要，从而提高移动识别性能

智能手机在行人导航中的应用也有一些弊端。为了能与设备进行交互，设备必须能放进口袋里。屏幕很小而且经常直接处于阳光下，可读性很差。此外，用户一般不想在移动设备上进行旅行规划，也不想受限于某一种交通工具，而是想和汽车、公共交通工具相结合，最后步行实现旅行。这时，导航系统就需要具有不同的组件并使用不同的导航技术。由互补的不同组件组成的系统称为**混合型系统**（hybrid system）。行人导航可以作为这类系统的组成部分，例如，在研究项目 BPN（BMW Personal Navigator）中，导航的准备工作是在 PC 上完成的，然后通过无线同步技术实现行人导航系统和汽车导航系统的无缝同步（Krüger et al., 2004）。

越来越多的新型输出媒体（如智能眼镜、智能手表或臂带等）出现在行人导航中，但经常需要和智能手机等其他设备结合才能使用。环境中的电子显示屏可以作为混合型导航系统的一部分，结合可携带的设备来实现快速有效的导航支持（Olivier et al., 2007; Kray et al., 2005）。该准则的推广将在 19.5 节中进行讨论。

19.5　可穿戴式计算

可穿戴式计算的视角和**普适计算**不同，它关注的是计算系统的近身嵌入。属于这个概念范畴的有嵌入纺织品的计算机组件、可以随身携带的计算机（如智能手表或谷歌眼镜等智能眼镜）、特殊的输入系统（如允许在运动中单手文本输入的Twiddler[①]等）。在可穿戴式计算中，这些组件嵌入身体形成一个整体系统用以支持用户的日常生活场景或专业任务。

可穿戴式计算遵循如下主要原则（Billinghurst and Starner, 1999）：首先设备要佩戴在身上，始终处于开启状态，可供直接使用，必须支持语境敏感的服务（见19.4 节），并持续地对来自环境的传感器数据进行评估。这个概念强调可穿戴和移动特性，并将**普适计算**的理念实现于完全没有或很少设备化的环境中。虽然追求的目标相似，但**可穿戴式计算**实现的是用户的设备化，和计算机必须位于后台的需求相矛盾。这是对目前的智能眼镜经常提出的一个批评点，它改变了用户的外观从而造成了负面的社交影响。

可穿戴式计算的概念首先由位于美国波士顿的 MIT 媒体实验室提出。研究者**Steve Mann** 在 20 世纪 80 年代初设计出了第一台拥有头戴式显示屏的可穿戴式计算机。另一位科学家 **Thad Starner** 采用了这个概念，并在最近数十年间对其进行了深入开发，因此今天的设备和 30 多年前相比要轻得多、容易操作得多。例如，计算机组件在纺织品中的嵌入做得越来越好。LilyPad（Buechley et al., 2008）提供了一个标准化的计算平台，可以直接缝进纺织品内。计算机还能以交互式的形式嵌入皮肤，可以将交互式薄箔片贴在皮肤上（Weigel et al., 2015）。下一阶段是计算机技术在人体上的大规模嵌入，可以用于医学等特殊用途（如心脏起搏器），也有在日常生活中的应用（如植入计算机芯片实现访问控制的自动识别）。相对于穿戴式计算机，该技术在不损害人体的前提下是无法实现的，因此其应用在很多科学家看来在伦理方面是有争议的（Foster and Jaeger, 2007），不过在科幻电影里倒是经常出现。

练 习

1. 描述普适计算和两种以往的计算模式的区别。主要的技术区别有哪些？在用户和用户界面设计方面有哪些不同？

2. 以移动游戏机为例讨论信息设备的概念。这类设备的哪些特点符合该概念，哪些特点不符合该概念？

3. 假设您对铁人三项赛感兴趣并想为其设计一款新型设备，该设备不需要很多交互就可以支持比赛（游泳、交换、骑自行车、交换、跑步）。从设备角度来看，它必须对哪些不同的语境以及语境因素做出反应？为什么？请简述您的想法的技术基础。为了实现可靠的语境识别，应该使用哪些传感器？应该采取哪种结构形式？

①http://twiddler.tekgear.com。

第 20 章 虚拟现实与增强现实

在过去的数年间**虚拟现实**（Virtual Reality，**VR**）和**增强现实**（Augmented Reality，**AR**）经历了强劲的复苏。虽然两者都不是新概念，但它们的使用随着不断提升的计算和图形处理能力以及必要硬件的小型化（见 6.3 节）直到最近才被更加广泛的大众消费者所接受。

20.1 虚 拟 现 实

美国计算机图形学先锋 **Ivan Sutherland** 早在 20 世纪 60 年代就在其博士学位论文中首次提出了交互式图形系统 **Sketchpad**，60 年代末与他的学生 **Bob Sproull** 一起打造了一套称为**终极显示**（ultimate display）的装置，后来由于其悬挂在天花板上的造型被更名为**达摩克利斯之剑**（sword of Damokles）（图 20.1（a））。该装置被视为最早的**头戴式显示器**（Head-Mounted Display, **HMD**）。艺术家及科学家 **Myron Krueger** 在接下来的十年间推出了一系列名叫 **Videoplace**（Krueger et al., 1985）的交互式装置，用户在一面 2.4m×3m 大小的墙面显示屏上看到自己剪影的彩色阴影，并且可以和虚拟元素以及其他用户的剪影进行交互。用户在一个**人工现实**（artificial reality）的环境中遇见彼此。**虚拟现实**的概念在 20 世纪 80 年代因美国研究者、音乐家 **Jaron Lanier** 而变得流行，他开发了**数据手套**（data glove，见图 20.1（b））

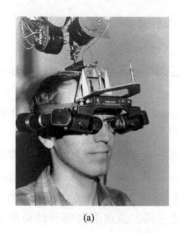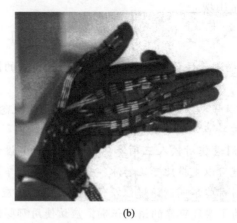

(a)　　　　　　　　　　　　　　　(b)

图 20.1　（a）Ivan Sutherland 的达摩克利斯之剑，第一个头戴式显示器，（b）Jaron Lanier 的
数据手套，均属于早期的 VR 输入设备

等输入设备。**Neal Stephenson**（2004）在其科幻小说 *Snow Crash* 中描述了一个完全虚拟的现实，主人公总是从非常不美好的现实逃入一个 VR 和 Internet 混合的、称为 **Metaverse** 的虚拟世界，它通过该项目的相关装置实现了完美的沉浸感。

头戴式显示器在很长一段时间内都是很昂贵的设备，只有研究实验室、仿真中心、大公司或者富豪才能买得起，对于个人而言不仅太贵而且技术复杂。在过去的数年间该情况向着两个方向发生了改变：一方面朝着具有嵌入式跟踪、图像质量尚可接受、经济上可以承受的 HMD 方向发展，如 **Oculus Rift**[①]和 **HTC Vive**[②]。这类设备结合其他有计算能力的图形计算器已经能够提供较高程度的**沉浸感**，并且在价格方面对计算机玩家具有吸引力。

另一方面，目前智能手机的计算能力已经足以显示高质量的图形内容。以智能手机形式存在的必要的计算和显示能力几乎是无处不在的，额外所需的不过是一个夹具和两个会聚透镜就可以把智能手机改造为 HMD，如图 20.2 所示。有很多和 **Google Cardboard**[③]一样有名的自建装置，价格范围为 10～50 欧元。很多公司通过软件支持这类新媒体，在沉浸式内容方面有大量的应用，智能手机的拥有者只需要支付一顿饭的费用就可以额外拥有一台 HMD。

大公司和研究机构通过相应的预算建立了 VR 的另一种技术：**CAVE**（Cruz-Neira et al., 1993）。该环境一般建为矩形或骰子形状的房间，六个面中的三至四个面为大型显示屏，（一般从背面）在其上投影出虚拟 3D 世界的相应画面。用户站在其中，在一定程度上通过墙面来看到虚拟世界。天花板和地板可以根据需求显示相应图像，从而形成强烈的**沉浸感**。由于价格因素 CAVE 一般都比较小，所以运动空间强烈受限。一个特例是 Disney Imaginering 为了打造自己的 3D 世界而建了一个类似 CAVE 的高度特例化的昂贵空间[④]。CAVE 系统原则上适合于单用户，其空间位置会被**跟踪**并用于图像计算。而其他用户的不同位置在一定程度上会导致几何错误。

虚拟世界在三维空间中就如同现实世界一样，从用户角度来看所有这些技术提供了一个巨大的潜力：虚拟内容和对象的行为可以像真实物体一样，和它们的交互可以使我们获得和真实事物交互一样的感受。这一点也符合 7.8 节**物理类比**的理念。用户界面原则上可以完全消失，理想中的 UI 应该是非常接近于全**透明**的。

---

①http://www.oculus.com/rift。

②http://www.vive.com。

③http://vr.google.com/cardboard。

④http://www.disneyeverday.com/video-in-the-cave-the-virtual-reality-tool-disney-imagineers-used-to-buld-cars-land。

图 20.2　Google Cardboard 发布时，很多人认为它就是个笑话，利用几个纸板、两个会聚透镜
就可以构建一个夹具使得每个智能手机都可以变成 HMD

20.1.1　输入：跟踪

　　三维世界里的对象沿着 X、Y、Z 轴有一个坐标位置，可以根据这三个轴实现定位。对象在空间中的位置和朝向可以由 **6 自由度**（Degree of Freedom，**DOF**）来完全描述。当通过 VR 对用户或真实物体在空间中的运动进行确定时，设备需要对这 6 自由度进行测量。其中一种设备称为**跟踪器**（tracker），测量的过程称为**跟踪**（tracking）。**3-DOF 跟踪器**确定的只有位置或朝向，**6-DOF 跟踪器**则可以同时确定位置和朝向。一般来讲有两种跟踪方法：在**由内向外跟踪**（inside-out tracking）方法中，跟踪器通过对环境中的标识物或信号进行定位，从而计算出自身的位置和朝向。在**由外向内跟踪**（outside-in tracking）方法中，跟踪器找到环境中已知点上带有标识物的对象，从外部确定其相对于自身的位置或朝向。

　　不同跟踪器的精度是不一样的，精度决定测量出的位置和实际位置的重合度以及跟踪器能够覆盖的范围或空间。和数值记录一样，测量并不是连续的，而是多个单次测量的快速结果。测量的复发频率也称为**采样率**、帧率或者跟踪频率。测量时间点和值在系统重用的时间点之间的误差称为**延迟**。使跟踪器坐标系统和环境坐标系统尽可能重合的过程称为**校准**。该概念也用于重合精度的描述。校准会随时间延迟，对应于跟踪器的**漂移**问题。理想的跟踪器拥有高精度、宽范围、高采样率、短延迟、无漂移等特点。可惜的是这种组合在实际情况中无法通过任何一种单一的技术来实现，因此需要通过不同技术的组合来近似实现。

　　在实验室环境中经常使用的是由外向内的跟踪器，工作方式一般为磁力、声音或光学的。在有限空间内产生脉冲磁场，通过其在空间中的强度和朝向可以推导出**磁力跟踪器**的位置和朝向。一般来说电子装置或铁磁对象会对磁场有所影响。磁力跟踪器虽然难以校正，但是可以提供高采样率并且延迟短、体积较小。**声音**

跟踪器通过超声波信号从一个声音换能器到另一个已知位置的声音换能器之间的运行时间来推导出该声音换能器的位置。这样通过单个传感器就可以确定位置，但是不能确定朝向。朝向的确定需要使用更多的传感器。使用到的传感器体积较大，并且和磁力跟踪器一样需要能源供应和电线。**光学跟踪器**利用更多的（高速）摄像头来确定已知标识物的位置，例如，逆向反射涂层的小球或者脉冲 LED 等。摄像头数量的增加提高了识别精度和范围。标识物的固定位置可以用于确定朝向，并且被动式标识物不需要电源供应或电线。这样的系统在商业上可以用于电影产业，可以将捕捉到的演员的运动赋予动画片中的虚拟角色。

另外还有一类跟踪器使用的是复杂的光学标识物，其位置和朝向可以通过单一摄像头加以确定。这类设备的代表性产品是 **ARToolKit**[1]工具。其使用的摄像头还可以同步提供视频图像以帮助基于视频的**增强现实**的生成。跟踪器可以是由内向外的也可以是由外向内的。该工具集可以用于如图 20.9（b）所示的系统。此外还有一类**惯性跟踪器**根据捕捉到的加速度来计算位置的变化。惯性跟踪器不需任何基础设施，可提供高采样率和低延迟，但还是存在漂移问题。基于这个原因这类设备经常和其他方法相结合（**传感器融合**，sensor fusion）。

现在可以通过跟踪器来确定用户的头部位置和朝向，因此用户可以在虚拟现实中进行运动和环视。除此之外，为了能和 VR 进行交互，我们需要某种输入设备。例如，可以是手握的某个物体，能对其位置和朝向进行跟踪；也可以是**数据手套**（见图 20.1（b））等复杂设备，可以捕捉手的位置和所有手指的曲率。利用深度摄像头可以对手进行直接跟踪（Hilliges et al., 2012）。图 20.3 展示的是基于 HMD 的 VR 系统的主要结构。

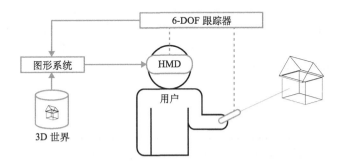

图 20.3　基于 HMD、跟踪和交互的 VR 原型系统的结构

①https://artoolkit.org。

20.1.2 输出：显示屏

HMD 并不是生成 VR 的唯一途径。有一个简单得多的、如同**桌面 PC** 一样应用于传统显示屏的方法，这种方法称为**桌面 VR**。早在 20 世纪 90 年代就已开始利用**虚拟现实建模语言**（Virtual Reality Modeling Language，**VRML**）对这样的虚拟现实进行标准化操作，并将其迅速嵌入不断扩大的 **WWW**。VRML 支持对三维世界的简单建模以及简单的漫游和交互技术。键盘和鼠标作为输入设备，漫游就像在 3D 电脑游戏里一样，通过 3D 世界里的跑动和飞行来实现。这种形式的 VR 所提供的用户沉浸感并不是很深，因此更多存在于研究示范领域内。VRML 的概念已演变为目前的 **XML**、可扩展三维（X3D）形式并纳入 Web3D 组织[①]的范畴。

桌面 VR 的 3D 世界中的摄像头位置是通过输入设备控制的。跟踪器跟踪用户头部的实时位置并相应地调整摄像头位置，从而形成对 3D 世界的弹性印象。通过头部的来回运动可以对（略有）不同的方向进行观察，从而感觉像在水族馆里一样可以从不同角度四处查看真实的空间对象。这种技术因而称为**鱼缸 VR**（fish tank VR）。图形呈现中表达的通过头部运动产生的差别称为**运动视差**（见 2.1.3 节），它可以产生类似于立体视觉的空间感受。通过**快门眼镜**可以对左右眼进行交替遮盖，为双眼生成分离图像，从而产生**立体视觉**（见 2.1.3 节）的空间感受。基于鱼缸 VR 功能原理的大型显示屏可以达到一定程度的**沉浸感**。大型交互式高分辨率显示屏也称为 **Powerwall**。

人们基于**鱼缸 VR** 功能原理可以结合三至六面大型显示屏，通过对用户头部位置的**跟踪**和**快门眼镜**的立体视觉来形成一个无缝的长方体，这样就形成了一个 **CAVE**。用户不再是站在水族馆外，而是会感觉到自己位于水族馆内，他可以通过显示屏对虚拟世界进行观察。CAVE 的建造需要解决很多复杂问题，例如，所有墙面图像的精确同步以及长方体边缘位置的几何拟合精度等。因此通常需要高运算能力的计算器以及较高的建造需求（图 20.4）。

除纯显示屏硬件外，对于图形呈现软件也有特殊的要求。原则上要求通过尽可能高的图像频率、无**延迟**地实现全现实图形（见 6.1.2 节）。这与跟踪一样是和需求相矛盾的：图形呈现越真实，单幅图像所需的计算时间就越长。因此有必要有一定程度的妥协。3D 模型的复杂度对于 VR 能否流畅呈现出 3D 世界有着本质的影响：模型包含的多边形越少，呈现速度就越快。对于 VR 而言很重要的是 3D 对象的建模应该是节约资源的，然后在后期运行中实现网格的简化和剔除以及不同的细节程度等 3D 图形的特性，从而实现图形的流畅呈现以及延迟的最小化。

---

①http://www.web3d.org。

除此之外，我们通常还希望像在现实世界中一样对 VR 对象进行操作。重力、惯性、碰撞以及相应导致的对象运动的正确仿真都不是简单的任务，在每一帧图像生成中都应注意。成功的物理仿真可以提高整个 VR 的真实感。

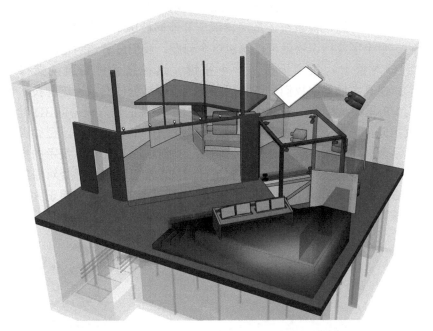

图 20.4　位于慕尼黑 Garching 的 Leibniz 计算中心的 CAVE 和 Powerwall 的可视化环境的构建

20.1.3　虚拟世界中的交互

虚拟现实中的基本交互包括用户在 3D 世界中的**漫游**、对象的**选择**及**操纵**。在**桌面 VR** 或**鱼缸 VR** 等最简单情况下，用户通过输入设备（键盘、鼠标）或特殊 3D 输入设备如 3D 鼠标（图 20.5（a））来实现漫游。由于 3D 世界是可以无限大的，所以这里不需要分布式跟踪。只要不受电线限制、不离开跟踪器范围或者不撞上真实房间的墙面，原则上用户可以通过 HMD 进行自由运动。

人们愿意通过真正的行走来实现直接漫游，那么就需要范围更广一些的跟踪器、尽可能少干扰的硬件设置或特殊的全方位跑步机（图 20.5（b））。另一种可能性是一种称为**重定向行走**（redirected walking）的技术（Razzaque et al., 2001），已经证明人体的**本体感觉**（见 2.3 节）不如视觉感知精确。通过对虚拟世界中的 3D 运动进行有选择的修改，可以实现用户自我感觉在虚拟世界中走的是直线而实际他走的是弯路。因此用户可以感觉自己能够无尽地奔跑，而实际却始终是在一个（跟踪器全覆盖的）有限空间里。对象的**选择**在桌面 VR 和鱼缸 VR 里都比较

简单：人们用鼠标在屏幕上单击相应对象。与图 20.3 所示的原型系统一样，HMD
和跟踪器的实际使用并不简单。只要用户对于 VR 中所有待选对象而言是空间可
达的，他就可以通过触摸输入设备来进行选择。在这种情况下输入设备在虚拟世
界中的位置将表示为一个 **3D 光标**，如经常表示为人手形状。有时对象太远或者
出于其他原因不可达，但系统还是应该保证其能够被选中。在这种情况下 HMD
图像中的一个十字或标识物就可以解决这个问题：我们盯着该对象看，标识物就
会移动到该对象上，相当于按下一个按键。这种技术称为**凝视选择**（gaze
selection）。在真实世界中我们可以利用激光笔选中远处的对象。这种技术可以直
接转换到 VR 里：从概念上来讲，可以从 6-DOF 跟踪的输入设备向 3D 世界发出
一道光束指向待选对象。该技术因此称为**光线投射**（raycasting）。正如真实世界
中的激光笔会抖动一样，该技术也缺乏精度：跟踪的细微错误以及手的自然抖动
都会造成选择光束明显的抖动，可以利用过滤技术加以消除。远处对象的选择仍
然是一个活跃的研究领域，不仅可以应用于 VR 和 AR，还可以用于大型显示屏
的交互。该领域的入门知识和相关文献可参见 Bowman 等（2001）的文章。

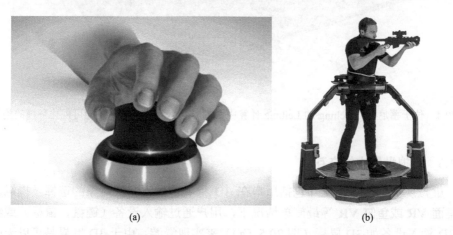

　　　　　　　　(a)　　　　　　　　　　　　　　　　　　(b)

图 20.5　（a）桌面 VR 的 3D 输入设备（3Dconnexion SpaceNavigator）和（b）全方位跑步机
（Virtuix Omni），允许用户在现实世界中不移动的情况下实现在三维世界中的自由行走

　　对象的**操纵**经常阻碍 VR 的真实性。我们在现实世界中与真实对象的交互方
式是很丰富的（触摸、举高、旋转、翻转、打开等），但在 VR 里哪个对象上能实
施哪种交互常常是精确固化的。在 3D 电脑游戏中通过选择来触发这类预选动作
（例如，打开一扇门）通常就够用了。虚拟世界中对象的平移和旋转常常意味着模
式的切换或者需要特殊的 **3D 工具**。其原因在于我们基于空间位置和朝向的同虚
拟世界的耦合常受限于 6 自由度。在物理世界中可以利用**触摸感知**来施加正确的
力量从而抓住或移动物体，同时感受到物体的重量。目前即使使用最好的方法和

设备，离细节化的**触摸反馈**（见 2.3 节）还差得很远。

20.1.4　沉浸在虚拟世界中

前面章节总是谈到虚拟世界的沉浸感（**immersion**），其出现于逐步将虚拟世界感知为真实世界的时刻。有不同程度的沉浸感：简单的 VR 类型如桌面 VR 提供的沉浸感较低，我们始终能看到屏幕周围的真实世界。HMD 可以在光学上（和触觉上）让我们与真实世界彻底隔绝，只留下对虚拟世界的感受印象，从而提供了较高的沉浸程度。对沉浸感有所干扰的是能促使我们感受到面对的是一个虚拟世界的一切因素，如一幅干涩的图像、高延迟、不真实的呈现、缺少或使用错误的物理系统等。

延伸阅读：沉浸感

美国作家 Murray 在 *Hamlet on the Holodeck* 一书中给出了**沉浸感**的定义：在一个精心仿真的环境中传播的愉快的经验，这与奇妙的内容无关。沉浸感是一个隐喻式的概念，来源于沉浸在水中的物理经验。我们追寻的是如同跳入海里或在游泳池里一样的心理沉浸的感觉：从其他完全不同的现实环境中得来的感觉是如此不同，正如水之于空气的差别，牵动了我们的整体注意力和感官装置（Murray, 1997）。

另一个更为重要的相关概念是**存在感**。它描述的是感知自己位于某处并且是某个行为的组成部分的感觉。较高程度的沉浸感通常是存在感的前提。但两者是有区别的：即使沉浸感很高，一款无聊的游戏还是会失去存在感。与此相反，一款经典的基于笔和纸的角色扮演游戏可以通过适当游戏地点的选择以及和对手的大量交互来形成强烈的存在感。

虚拟世界中对沉浸感的干扰因素在于所有的感觉及其感官参数总是不能完全正确地运行：目前 HMD 虽然可以通过**立体视觉**传达不同对象的空间深度和不同距离，但是**聚散度和视力调节**（见 2.1.3 节）对于所有对象都是一样的。这将导致视觉感知里出现相互矛盾的信息。当在一个虚拟世界中运动时，我们在真实世界中其实是保持在同一位置不变或朝着其他位置运动，那么视觉感知就会传递出和**本体感觉**不一致的信息。在这种情况下，大多数人会将强烈的视觉印象和其他感觉相叠加，但是一些人会由于相互矛盾的感觉产生一种类似晕船（船在动而自身保持不动）的恶心感觉。这种恶心也称为**晕屏症**（cyber sickness）（见 2.3 节）。

20.2　增 强 现 实

　　虚拟现实尝试通过虚拟感官印象来完全取代真实世界，而**增强现实**只是将虚拟感官印象添加到真实世界中。例如，我们看到的是真实世界及位于其中的真实对象，另外还有一些虚拟事物如标识物或 3D 物体。**Ron Azuma** 于 1997 年在其概要文章中将 AR 定义为如下系统：①真实和虚拟对象相结合；②交互式的、实时运行的；③在真实和虚拟组件之间提供清晰的空间（3D）参考关系。根据这个定义，电影 *Who Framed Roger Rabbit*[①]就不是 AR，它虽然为真实和虚拟角色提供了清晰的空间参考关系，但不是交互式的。同样地，当前汽车里的**平视显示器**（Head-Up Display，**HUD**）或者谷歌眼镜[②]等不带空间跟踪功能的智能眼镜虽然是交互式的、实时运行的，但是其虚拟内容和真实世界之间没有清晰的空间参考关系。**Milgram** 和 Kishino 于 1994 年探索了所有可能的组合并据此提出了**混合现实**（mixed reality）的概念（图 20.6）。其展示了真实世界和虚拟元素之间所有可能的组合。在这个连续统的一端是没有任何虚拟元素的真实世界，可以通过摄像头、屏幕或 HMD 等电子媒体加以观察。下一个阶段是本章中提出的**增强现实**：真实环境叠加上孤立的虚拟内容。再下一个阶段是 Milgram 称为**增强虚拟**的情形。这里处理的主要是蕴含着真实组件的虚拟世界。例如，人们可以构建一个 VR 环境，里面可以包含真实人物的视频流或者根据另一个真实人物的跟踪数据对其**化身**（avatar）进行操控。最后在连续统的另一端是纯**虚拟现实**，例如，没有任何真实组件的仿真环境。关于该术语的详细讨论可见（Milgram and Kishino, 1994）。如 **Myron Krueger**（1985）的 **Videoplace** 所展示的，早期的虚拟现实并不都是三维的。

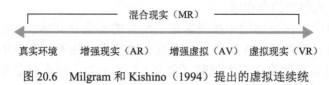

图 20.6　Milgram 和 Kishino（1994）提出的虚拟连续统

　　目前价格适宜、计算能力强的 **VR** 显示屏作为 **AR** 显示屏运动设备出现在市场上。微软推出的 **HoloLens**（图 20.7）实现了研究界数十年前就想做的事情：它终于成功地将虚拟内容有说服力的呈现方式与健壮且精确的跟踪技术以及所有必需组件集成在了一个可携带 HMD 中。在本书付印之时对于这种具有前所未有的

[①]http://www.imdb.com/title/tt0096438。

[②]https://www.google.com/glass。

质量的 AR 技术，研究界形成了一股新的风潮，科学界也掀起了一股热潮，该领域在未来将得到迅速发展。

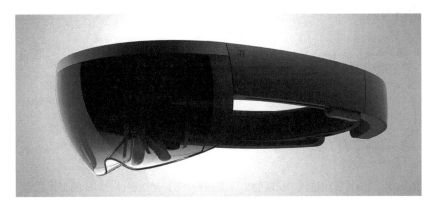

图 20.7　Microsoft HoloLens：具有嵌入跟踪和渲染技术的光学透视 HMD

20.2.1　输入：跟踪

　　VR 使用的**跟踪**方法在这里仍然有用。AR 的很多应用场景都是基于跟踪技术且基本作用于地面上的，而 **GPS** 很早之前就开始用于定位了。结合指南针的**磁力、加速度传感器**以及水平面倾斜角可以实现 **6-DOF 跟踪器**。（基于传感器的）朝向和位置的改变很精确、采样率高，（基于 GPS 的）绝对位置在采样率和精确性方面要差得多。高技术需求（差分 GPS）可以达到厘米级别的定位精度，但如果接收器比较简单则达到的精度为米级别。目前智能手机一般都带有这样的传感器（见18.5 节），从而使得移动 AR 必要的大空间跟踪成为可能（见 20.2.2 节）。

　　在摄像头的帮助下还有另外一类**光学跟踪器**：不再是寻找已知标识物，而是对特定图像特征进行识别，这些特征在视频的帧与帧之间的位置变化很小。根据这些特征相互之间的空间位置可以计算对象或自运动摄像头在空间中的姿态和位置。AR 的生成经常使用到摄像头，它也可以作为跟踪器使用，直接从图像中提取跟踪信息，这种方法易校正、延迟短。例如，SIFT（Lowe, 2004）和 SURF（Bay et al., 2006）均为广泛使用的**特征跟踪**（feature tracking）方法。如果跟踪中使用深度摄像头，则可以像 **HoloLens** 一样对环境进行 3D 模型重建。该领域的研究正处于不断改善和发展中。

20.2.2　输出：显示屏

　　为了通过虚拟对象来丰富真实世界，真实世界的图像必须和计算机生成的 3D 世界的图像相融合。HMD 通过半透式玻璃的光学方法或者结合视频信号和计算机图像的数字方法来实现。这类 HMD 根据其功能原理被称为**光学透视 HMD** 或者**视频透视 HMD**。这两种功能原理如图 20.8 所示，为了简化省略了其中一半用于跟踪的信息流。

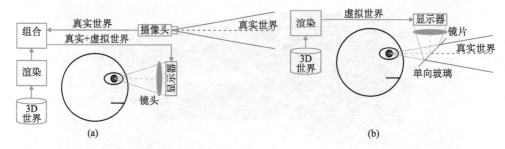

图 20.8　（a）视频透视 HMD 的工作原理和（b）光学透视 HMD 的工作原理

在光学透视 HMD 中，用户通过半透式玻璃来观察真实世界。其在物理上结合了数字显示屏的图像和真实世界的图像。显示屏显示的是由 3D 模型渲染而来的虚拟世界的图像。在视频透视 HMD 中，摄像头捕捉到真实世界的图像，然后在计算机中与虚拟世界的图像进行融合。融合了真实和虚拟世界的图像通过显示屏进入用户的眼睛。这两种功能原理都有着各自的优缺点：我们在**光学透视 HMD** 中直接看到真实世界，分辨率高、无延迟。虚拟世界的图像由于跟踪和渲染，在时间上大多是有延迟的，针对快速头部运动的校正并不完美。单向玻璃只能实现光线叠加。真实世界图像中的给定点可以通过虚拟世界的图像变得明亮一些。深色的虚拟对象在浅色的真实对象前面会变得几乎不可见。

视频透视 HMD 通过摄像头捕捉来展示真实世界，分辨率有限，对比度范围也有限。观察近处的对象会遇到的一个问题是摄像头和眼睛位置的不同（**视差**）。真实世界的图像可以精确延迟到与跟踪和渲染的延迟一致。这样可以改善快速运动的校正效果，但是整体延迟会导致**晕屏症**问题。此外，图像的数字组合可以计算出所有可能的组合。深色的虚拟对象可以遮盖浅色的真实对象，通过去除对象可以实现对真实世界的修改。

目前为止微软的 **HoloLens** 在真实和虚拟内容的融合方面取得了最好的效果。通过基于深度摄像头的健壮的由内向外跟踪方法以及和渲染的紧密结合可以显著降低延迟，使其在实际应用中不再被注意到。目前还较为狭窄的视野会提示虚拟内容并不是真实世界的一部分。一旦视线转移，它们就会消失。**HoloDesk**（Hilliges and Kirk, 2009）工作原理类似于**光学透视 HMD**。此外还有多种方法可以利用投影仪在物理空间中叠加一层虚拟层。关于这个问题可以用一整本书的篇幅来讨论（Bimber and Raskar, 2005）。

除了以上方法，还有一种基于现有常用设备的增强现实的生成方法：智能手机或平板电脑已经具备了通过摄像头对真实世界进行记录所需的所有传感器元件，以及对虚拟对象进行渲染、对虚拟和真实图像进行融合所需的计算和图形能力。这种形式的 AR 称为**手持 AR**，图 20.9（b）和图 20.9（c）是相应的两个例子。校正精度受到 GPS 定位不精确性的限制，当被观察和被标记的对象去除得足够多时，其诱发的校正错误会变得很小从而使系统变得实际可用。

(a)　　　　　　　　　　　　(b)　　　　　　　　　　　　(c)

图 20.9　三代移动 AR：（a）20 世纪末出现得最早的便携式系统（Höllerer and Feinei, 2004），（b）早期基于 ARToolKit 的手持 AR 系统（Schmalstieg and Wagner, 2007），（c）基于当前智能手机的手持 AR 系统

20.2.3　AR 中的交互与 UI 理念

虚拟和真实对象融合的特殊性在于不同的坐标系。真实对象位于世界坐标系统内，虚拟对象的世界坐标位置固定，称为**世界稳定的**。位于 HMD 图像的固定 2D 位置或位于屏幕坐标系，称为**屏幕稳定的**。随着被跟踪的用户头部一起运动的 3D 对象在 HMD 中的位置不变且处于头部坐标系统，因此称为**头部稳定的**。随着用户身体一起运动的对象即使在头部转向侧面时也始终保持在胸口高度的位置，这称为**身体稳定的**。技术上来讲，屏幕稳定是最容易实现的，因为对象位置不依赖于跟踪。目前汽车的**平视显示器**中的内容就是屏幕稳定的，严格来讲（根据 Azuma 的定义）不包含任何 AR 内容，缺乏清晰的空间参考关系。世界稳定的内容在技术上较难实现，至少需要对头部、HMD 或手持 AR 显示屏的精确跟踪。身体稳定的内容需要对头部和身体分别进行跟踪，但两者产生的错误会叠加。不同稳定类型的组合在早期 AR 项目如 Tinmith 中已有探讨[①]。

---

①http://www.tinmith.net。

AR 的另一个特点是缺少有**触觉**的虚拟对象。即使虚拟对象的渲染是完美无缺的，用户一旦尝试去触摸，这个幻象就会立即破灭。VR 领域的早期研究尝试通过复杂技术在手套上加入**力反馈**（force feedback）来解决这个问题。Szalavári 和 Gervautz（1997）在特定的应用情景中通过一个方法解决了这个问题：将虚拟元素放置在一个层里，其所处位置上放置物理有机玻璃。当通过一支笔去触摸虚拟元素时，同时也会触碰到有机玻璃板。这样就精确地传递了用户所期待的感官印象。这个基于跟踪板和笔的设备称为**个人交互平板**（Personal Interaction Panel，**PIP**），可以完美地支持 4.3 节所描述的不对称的**双手交互**。

Studierstube（Schmalstieg et al., 2002）项目属于 PIP 范畴的早期研究，其提出了 AR 的一个相关交互理念。类似于 EMMIE（Butz et al., 1999）项目，Studierstube 主要沿着**混合现实**的方向探索不同的情景，并结合了 **AR、普适计算**和**桌面隐喻**等元素。工具托盘、**图标**、**小工具**等概念在两个项目中都转换到了三维世界中，从普适计算的角度结合了已有的显示屏如手提电脑和平板电脑，并在呈现中嵌入图像、视频和可视化等已有媒体。

微软通过 **HoloLens** 提出了一个 UI 理念，该理念的核心在于全息图。注意，该理念并不是物理（通过相干光线生成的）全息图，而是带有特定交互可能的简单虚拟对象。它允许在房间内移动并点击固定位置或设备。虽然没有实现物理全息图，但是这个著名的全息图概念通过微软的市场形成了新的隐喻（见 7.9 节），具有一定的知名度并允许进行类比。除了三维全息图，系统还提供普通窗口。最近 HoloLens 的初始 UI 概念开始在全新的情景中应用于 **WIMP** 概念（见 15.2 节）的延续。物理和数字世界元素的融合成为**混合**（blend，见 7.9 节）的示例。

练　习

1. 基于 12.3 节的概念，思考一下人们如何通过简单方法来为 VR 和 AR 创建原型系统。将您的想法写下来并和 Lauber 等（2014）提出的方法进行比较，如果您的想法比较好，请认真思考发表一篇论文。

2. 分析基于智能手机的移动增强现实系统（图 20.9（b）和图 20.9（c））的可用性。与基于 HMD 的增强现实系统（图 20.9（a））相比有何优缺点？

图 片 来 源

所有没有在此处列举的图片均为原书作者的个人插图、屏幕截图以及照片。

图 1.3 基于（Eberleh and Streitz, 1987）绘制

图 2.2 基于 http://entirelysubjective.com/%20spatial-resolution-devil-in-the-detail 绘制

图 2.8 基于 http://de.wikipedia.org/w/index.php?title=Datei:Anatomy_of_the_ Human_Ear_ de. Svg &filetimestamp=20091118102053 绘制

图 3.1 基于（Wickens and Hollands, 1999）第 441 页绘制

图 4.1 来自（Fitts, 1954）

图 4.2 基于（Accot and Zhai, 1997）绘制

图 4.3 来自（Guiard, 1987），由作者 Guiard 友情授权

图 7.1 基于 http://www.reuter.de 绘制

图 7.2 来自 Miele-Hausgeräte，炉灶，产品概述

图 7.3 屏幕截图来自 http://www.likecool.com/Gear/MediaPlayer/Nagra%20IV-S%20 Profess-ional%20Tape%20Recorder/Nagra-IV-S-Professional-Tape-Recorder.jpg

图 7.6 http://www.sapdesignguild.org/goodies/images/hourglass_cursor.gif 和 www.emacswiki. org/ alex/pics/beachball.png

图 7.7 https://developer.apple.com/library/ios/documentation/UserExperience/Conceptual/ Mobile HIG/ 和 http://fox.wikis.com/graphics/vfpsetupdebugger.gif,http://technet.microsoft.com/en-us/ library/ Cc749911. acdenid1_big(l=en-us). gif

图 7.9 http://toastytech.com/guis/bob.html

图 8.1 http://2.bp.blogspot.com/_xFBIBcRhwFQ/SU1tG0tPC3I/AAAAAAAACZA/u036CfT8o Is/ s400/xterm-237.png 和 http://hiox.org/resource/5584-cmdprompt.gif

图 8.4 http://www.cs.umd.edu/hcil/paperlens/PaperLens-IV.png

图 9.2 http://www.prezi.com 上的屏幕截图

图 9.3 在谷歌地图上的屏幕截图

图 9.4 基于 http://demo.quietlyscheming.com/fisheye/index.html 和 http://demo.quietlyscheming. com/fisheye/TileExplorer.html 屏幕截图加工而成

图 10.1 基于（Benyon, 2010）、（Norman, 2013）绘制

图 12.1 来自 1990-1991 卷，萨尔布吕肯萨尔州博物馆，萨尔州文化遗产基金会

图 12.2 由 Alexander Wiethoff 友情授权

图 12.4　来自 http://www.asktog.com/starfire 视频中的静态图片

图 13.1　基于 http://www.nngroup.com/articles/how-to-conduct-a-heuristic-evaluation 上的图片加工而成

图 13.3　使用 http://www.likertplot.com 创建的图表

图 13.4　使用 Microsoft Excel 创建的图表

图 14.1　基于（Hassenzahl, 2010）绘制

图 14.2　来自（Knobel et al., 2012）

图 15.1　来自 http://www.aresluna.org/attached/pics/usability/articles/biurkonaekranie/xerox.big. png

图 15.2　基于自己的屏幕截图加工而成

图 15.3　基于自己的屏幕截图加工而成

图 15.4　http://elementaryos.org/journal/argument-against-pie-menus，原始图片来自（Kurtenbach et al., 1993）

图 16.1　http://www.w3.org/History/19921103-hypertext/hypertext/WWW/TheProject.html 上的屏幕截图

图 16.3　http://www.lmu.de 上的屏幕截图

图 16.4　http://www.olyphonics.de 上的屏幕截图

图 16.5　基于 http://www.mimuc.de 上的屏幕截图加工而成

图 17.4　基于（Buxton, 1990）加工而成

图 17.5　由 Dominikus Baur 友情授权

图 18.3　来自（Baudisch and Rosenholtz, 2003）、（Gustafson et al., 2008），由作者友情授权

图 18.4　来自（Kratz and Rohs, 2010），有轻微修改

图 19.2　（a）来自（Piper et al., 2002），（b）由 Martin Kaltenbrunner 提供（摄影师：Xavier Sivecas），均由作者友情授权

图 19.3　（a）来自(Watanabe et al., 2005)，（b）来自博客 http://spanring.eu/blog/2009/02/25/adventures-in-nokia-maps-pt-4-pedestrian-navigation（访问日期 2014-04-26），（c）为作者于 2014-04-27 在谷歌地图移动端上的屏幕截图

图 19.4　来自（Baus et al., 2002），有轻微修改

图 19.5　来自（Wasinger et al., 2003），有轻微修改

图 20.1　（a）来自 http://amturing.acm.org/photo/sutherland_3467412.cfm,（b）来自 http://www. jaronlanier.com/newpix/laterdataglove2.jpg

图 20.2　左上及右图来自 https://www.wareable.com/vr/wareable-why-google-cardboard-not-oculus-rift-will-drive-the-future-of-vr-976，左下图来自 http://blogs.ucl.ac.uk/digital-education/files/2015/05/fold.jpg

图 20.4　来自慕尼黑 Leibniz 计算中心

图 20.5　（a）来自 http://www.3dconnexion.de/products/spacemouse.html,（b）来自 http://www.

virtuix.com/press

图 20.9 （a）来自（Höllerer and Feiner, 2004），（b）来自（Schmalstieg and Wagner, 2007），均由作者友情授权

参 考 文 献

Accot J, Zhai S. 1997. Beyond Fitts' law: Models for trajectory-based HCI tasks. Proceedings of ACM CHI: 295-302.

Alexander I, Maiden N. 2004. Scenarios, Stories, Use Cases: Through the Systems Development Life-Cycle. Hoboken: John Wiley & Sons.

Andrews D, Nonnecke B, Preece J. 2003. Electronic survey methodology: A case study in reaching hard-to-involve Internet users. International Journal of Human-Computer Interaction, 16(2): 185-210.

Ashton K. 2009. That Internet of things' thing. RFiD Journal, 22(7): 97-114.

Augsten T, Kaefer K, Meusel R, et al. 2010. Multitoe: High-precision interaction with back-projected floors based on high-resolution multi-touch input. Proceedings of ACM UIST: 209-218.

Azuma R T. 1997. A survey of augmented reality. Presence: Teleoperators and Virtual Environments, 6(4): 355-385.

Ballagas R, Borchers J, Rohs M, et al. 2006. The smart phone: A ubiquitous input device. IEEE Pervasive Computing, 5(1): 70-77.

Barbour N, Schmidt G. 2001. Inertial sensor technology trends. IEEE Sensors Journal, 1(4): 332-339.

Baudisch P, Chu G. 2009. Back-of-device interaction allows creating very small touch devices. Proceedings of ACM CHI: 1923-1932.

Baudisch P, Rosenholtz R. 2003. Halo: A technique for visualizing off-screen objects. Proceedings of ACM CHI: 481-488.

Baus J, Krüger A, Wahlster W. 2002. A resource-adaptive mobile navigation system. Proceedings of IUI: 15-22.

Bay H, Tuytelaars T, van Gool L. 2006. Surf: Speeded up robust features. Computer Vision-ECCV: 404-417.

Benyon D. 2010. Designing Interactive Systems. Boston: Addison Wesley.

Billinghurst M, Starner T. 1999. Wearable devices: New ways to manage information. Computer, 32(1): 57-64.

Bimber O, Raskar R. 2005. Spatial Augmented Reality: Merging Real and Virtual Worlds. Boca Raton: CRC Press.

Bloch A. 1985. Gesammelte Gründe, Warum Alles Schiefgeht, was Schief Gehen Kann! Munich: Wilhelm Goldmann Verlag.

Böhmer M, Hecht B, Schöning J, et al. 2011. Falling asleep with Angry Birds, Facebook and Kindle: A large scale study on mobile application usage. Proceedings of MobileHCI: 47-56.

Böhmer M, Lander C, Gehring S, et al. 2014. Interrupted by a phone call: Exploring designs for lowering the impact of call notifications for smartphone users. Proceedings of ACM CHI: 3045-3054.

Bowman D A, Kruijff E, LaViola Jr J J, et al. 2001. An introduction to 3-D user interface design. Presence: Teleoperators and Virtual Environments, 10(1): 96-108.

Broll G, Rukzio E, Paolucci M, et al. 2009. Perci: Pervasive service interaction with the Internet of things. IEEE Internet Computing, 13(6): 74-81.

Buechley L, Eisenberg M, Catchen J, et al. 2008. The LilyPad Arduino: Using computational textiles to investigate engagement, aesthetics, and diversity in computer science education. Proceedings of the SIGCHI Conference on Human Factors in Computing Systems: 423-432.

Butler A, Izadi S, Hodges S. 2008. SideSight: Multi-touch interaction around small devices. Proceedings of ACM UIST: 201-204.

Butz A, Hollerer T, Feiner S, et al. 1999. Enveloping users and computers in a collaborative 3D augmented reality. The 2nd IEEE and ACM International Workshop on Augmented Reality: 35-44.

Butz A. 2002. Taming the urge to click: Adapting the user interface of a mobile museum guide. Proceedings des ABIS Workshops, Hannover.

Buxton B. 2007. Sketching User Experiences: Getting the Design Right and the Right Design. Burlington: Morgan Kaufmann.

Buxton W. 1990. A three-state model of graphical input. Proceedings of INTERACT: 449-456.

Cao A, Chintamani K K, Pandya A K, et al. 2009. NASA TLX: Software for assessing subjective mental workload. Behavior Research Methods, 41(1): 113-117.

Card S K, Moran T P, Newell A. 1980. The keystroke-level model for user performance time with interactive systems. Communications of the ACM, 23(7): 396-410.

Card S K, Moran T P, Newell A. 1983. The Psychology of Human-Computer Interaction. Boca Raton: CRC Press.

Cheok A D, Goh K H, Liu W, et al. 2004. Human Pacman: A mobile, wide-area entertainment system based on physical, social, and ubiquitous computing. Personal and Ubiquitous Computing, 8(2): 71-81.

Cherry E C. 1953. Some experiments on the recognition of speech, with one and with two ears. The Journal of the Acoustical Society of America, 25: 975.

Cockburn A, Gutwin C, Greenberg S. 2007. A predictive model of menu performance. Proceedings of ACM CHI: 627-636.

Craik K. 1943. The Nature of Exploration. Cambridge: Cambridge University Press.

Cruz-Neira C, Sandin D J, DeFanti T A. 1993. Surround-screen projection-based virtual reality: The design and implementation of the CAVE. Proceedings of the 20th Annual Conference on Computer Graphics and Interactive Techniques: 135-142.

Deng L, Li J, Huang J T, et al. 2013. Recent advances in deep learning for speech research at Microsoft. IEEE International Conference on Acoustics, Speech and Signal Processing: 8604-8608.

Dey A K. 2001. Understanding and using context. Personal and Ubiquitous Computing, 5(1): 4-7.

Dix A, Finlay J, Abowd G, et al. 2004. Human-Computer Interaction. England: Pearson Education Limited.

Drewes H. 2010. Only one Fitts' law formula please! ACM CHI Extended Abstracts: 2813-2822.

Duffy P. 2007. Engaging the YouTube Google-eyed generation: Strategies for using Web 2.0 in teaching and learning. European Conference on E-learning, ECEL: 173-182.

Eason K. 2014. Information Technology and Organizational Change. Boca Raton: CRC Press.

Ebbinghaus H. 1885. Über das Gedächtnis: Untersuchungen Zur Experimentellen Psychologie. Berlin: Duncker & Humblot.

Eberleh E, Streitz N A. 1987. Denken oder Handeln: Zur Wirkung von Dialogkomplexität and Handlungsspielraum auf die mentale Belastung. Software-Ergonomie'87, Nützen Informationssysteme dem Benutzer: 317-326.

Everest F A, Pohlmann K C. 2009. Master Handbook of Acoustics. Columbus: McGraw-Hill.

Field A, Hole G J. 2003. How to Design and Report Experiments. Newbury Park: Sage Publications.

Fitts P M. 1954. The information capacity of the human motor system in controlling the amplitude of movement. Journal of Experimental Psychology, 74: 381-391.

Fitzmaurice G W, Ishii H, Buxton W A S. 1995. Bricks: Laying the foundations for graspable user interfaces. Proceedings of the SIGCHI Conference on Human Factors in Computing Systems: 442-449.

Fontana A, Frey J H. 1994. Interviewing: The Art of Science. Newbury Park: Sage Publications.

Foster K R, Jaeger J. 2007. RFID inside. IEEE Spectrum, 44(3): 24-29.

Frandsen-Thorlacius O, Hornbæk K, Hertzum M, et al. 2009. Non-universal usability?: A survey of how usability is understood by Chinese and Danish users. Proceedings of the SIGCHI Conference on Human Factors in Computing Systems: 41-50.

Furnas G W, Bederson B B. 1995. Space-scale diagrams: Understanding multiscale interfaces. Proceedings of ACM CHI: 234-241.

Gaver B, Dunne T, Pacenti E. 1999. Design: Cultural probes. ACM Interactions, 6(1): 21-29.

Gitau S, Marsden G, Donner J. 2010. After access: Challenges facing mobile-only internet users in the developing world. Proceedings of ACM CHI: 2603-2606.

Godden D R, Baddeley A D. 1975. Context-dependent memory in two natural environments: On land and underwater. British Journal of Psychology, 66(3): 325-331.

Goldstein E B, Brockmole J. 2016. Sensation and Perception. Singapore: Cengage Learning.

Guiard Y. 1987. Asymmetric division of labor in human skilled bimanual action: The kinematic chain as a model. Journal of Motor Behavior, 19: 486-517.

Gustafson S, Baudisch P, Gutwin C, et al. 2008. Wedge: Clutter-free visualization of off-screen locations. Proceedings of ACM CHI: 787-796.

Hanley J R, Bakopoulou E. 2003. Irrelevant speech, articulatory suppression, and phonological similarity: A test of the phonological loop model and the feature model. Psychonomic Bulletin & Review, 10(2): 435-444.

Hassenzahl M, Burmester M, Koller F. 2003. AttrakDiff: Ein Fragebogen zur Messung wahrgenommener hedonischer and pragmatischer Qualität. Mensch & Computer: 187-196.

Hassenzahl M. 2010. Experience Design: Technology for All the Right Reasons (Synthesis Lectures on Human-Centered Informatics). San Rafael: Morgan and Claypool Publishers.

Heller F, Borchers J. 2011. Corona: Audio augmented reality in historic sites. MobileHCI 2011 Workshop on Mobile Augmented Reality: Design Issues and Opportunities: 51-54.

Hick W E. 1952. On the rate of gain of information. Quarterly Journal of Experimental Psychology, 4(1): 11-26.

Hilliges O, Baur D, Butz A. 2007. Photohelix: Browsing, sorting and sharing digital photo collections. Proceedings of IEEE Tabletop: 87-94.

Hilliges O, Kim D, Izadi S, et al. 2012. HoloDesk: Direct 3D interactions with a situated see-through display. Proceedings of the 2012 ACM Annual Conference on Human Factors in Computing Systems: 2421-2430.

Hilliges O, Kirk D S. 2009. Getting sidetracked: Display design and occasioning photo-talk with the photohelix. Proceedings of ACM CHI: 1733-1736.

Holding D H. 1987. Concepts of training. Handbook of Human Factors: 939-962.

Höllerer T, Feiner S. 2004. Mobile augmented reality. Telegeoinformatics: Location-based Computing and Services. London: Taylor and Francis Books: 187-221.

Houde S, Hill C. 1997. What Do Prototypes Prototype? Handbook of Human-Computer Interaction. Amsterdam: Elsevier Science.

Huang X D, Ariki Y, Jack M A. 1990. Hidden Markov Models for Speech Recognition. Edinburgh: Edinburgh University Press.

Hyman R. 1953. Stimulus information as a determinant of reaction time. Journal of Experimental Psychology, 45(3): 188.

Iqbal S T, Horvitz E. 2007. Disruption and recovery of computing tasks: Field study, analysis, and directions. Proceedings of ACM CHI: 677-686.

Ishii H, Ullmer B. 1997. Tangible bits: Towards seamless interfaces between people, bits and atoms. Proceedings of the ACM SIGCHI Conference on Human Factors in Computing Systems: 234-241.

Istance H, Bates R, Hyrskykari A, et al. 2008. Snap clutch, a moded approach to solving the Midas touch problem. Proceedings of the 2008 Symposium on Eye Tracking Research & Applications: 221-228.

Itten J. 1970. The Elements of Color. Hoboken: John Wiley & Sons.

Jacob R J K, Girouard A, Hirshfield L M, et al. 2008. Reality-based interaction: A framework for post-WIMP interfaces. Proceedings of ACM CHI: 201-210.

Kern D, Marshall P, Schmidt A. 2010. Gazemarks: Gaze-based visual placeholders to ease attention switching. Proceedings of ACM CHI: 2093-2102.

Knobel M, Hassenzahl M, Lamara M, et al. 2012. Clique trip: Feeling related in different cars. Proceedings of DIS: 29-37.

Knobel M. 2013. Experience Design in the Automotive Context. Munich: Ludwig-Maximilians-Universität München.

Knoblauch R L, Pietrucha M T, Nitzburg M. 1996. Field studies of pedestrian walking speed and start-up time. Transportation Research Record: Journal of the Transportation Research Board, 1538(1): 27-38.

Kratz S, Rohs M, Guse D, et al. 2012. PalmSpace: Continuous around-device gestures vs. multitouch for 3D rotation tasks on mobile devices. Proceedings AVI: 181-188.

Kratz S, Rohs M. 2009. HoverFlow: Expanding the design space of around-device interaction. Proceedings of MobileHCI: 4.

Kratz S, Rohs M. 2010. A 3 dollar gesture recognizer: Simple gesture recognition for devices equipped with 3D acceleration sensors. Proceedings of the 15th International Conference on Intelligent User Interfaces: 341-344.

Kray C, Kortuem G, Krüger A. 2005. Adaptive navigation support with public displays. Proceedings of IUI: 326-328.

Kray C, Kortuem G. 2004. Interactive positioning based on object visibility. Proceedings of MobileHCI: 276-287.

Krueger M W, Gionfriddo T, Hinrichsen K. 1985. VIDEOPLACE: An artificial reality. ACM SIGCHI Bulletin , 16: 35-40.

Krüger A, Butz A, Müller C, et al. 2004. The connected user interface: Realizing a personal situated navigation service. Proceedings of IUI: 161-168.

Kruger R, Carpendale S, Scott S D, et al. 2003. How people use orientation on tables: Comprehension, coordination and communication. Proceedings of ACM GROUP: 369-378.

Kurtenbach G P, Sellen A J, Buxton W A S. 1993. An empirical evaluation of some articulatory and cognitive aspects of marking menus. Human-Computer Interaction, 8(1): 1-23.

LaBerge D. 1983. Spatial extent of attention to letters and words. Journal of Experimental Psychology: Human Perception and Performance, 9(3): 371.

Lakoff G, Johnson M. 2003. Metaphors We Live by. Chicago: University of Chicago Press.

Langer S. 2002. Radiology speech recognition: Workflow, integration, and productivity issues. Current Problems in Diagnostic Radiology, 31(3): 95-104.

Lauber F, Böttcher C, Butz A. 2014. PapAR: Paper prototyping for augmented reality. Adjunct Proceedings of the 6th International Conference on Automotive User Interfaces and Interactive Vehicular Applications: 1-6.

Lee K F, Hon H W. 1989. Speaker-independent phone recognition using hidden Markov models. IEEE Transactions on Acoustics, Speech and Signal Processing, 37(11): 1641-1648.

Lévi-Strauss C. 2012. Tristes Tropiques. London: Penguin.

Liao L, Patterson D J, Fox D, et al. 2007. Learning and inferring transportation routines. Artificial Intelligence, 171(5): 311-331.

Liu H, Darabi H, Banerjee P, et al. 2007. Survey of wireless indoor positioning techniques and systems. IEEE Transactions on Systems, Man and Cybernetics, Part C: Applications and Reviews, 37(6): 1067-1080.

Lowe D G. 2004. Distinctive image features from scale-invariant keypoints. International Journal of Computer Vision, 60(2): 91-110.

Mackay W E, Velay G, Carter K, et al. 1993. Augmenting reality: Adding computational dimensions to paper. Communications of the ACM, 36(7): 96-97.

MacKenzie I S. 1992. Fitts' law as a research and design tool in human-computer interaction.

Human-Computer Interaction, 7(1): 91-139.

MacKenzie I S. 1995. Movement time prediction in human-computer interfaces. Readings in Human-Computer Interaction (2nd ed). Los Altos, CA: Kaufmann: 483-493.

Malaka R, Butz A, Hussmann H. 2009. Medieninformatik: Eine Einführung. London: Pearson Deutschland GmbH.

Mandler G. 1980. Recognizing: The judgment of previous occurrence. Psychological Review, 87(3): 252.

Marcus N, Cooper M, Sweller J. 1996. Understanding instructions. Journal of Educational Psychology, 88(1): 49.

Mehra S, Werkhoven P, Worring M. 2006. Navigating on handheld displays: Dynamic versus static peephole navigation. ACM Transactions on Computer-Human Interaction (TOCHI), 13(4): 448-457.

Merkel J. 1883. Die zeitlichen Verhältnisse der Willensthätigkeit. Philosophische Studien, 2: 73-127.

Milgram P, Kishino F. 1994. A taxonomy of mixed reality visual displays. IEICE Transactions on Information and Systems, 77(12): 1321-1329.

Miller G A. 1956. The magical number seven, plus or minus two: Some limits on our capacity for processing information. Psychological Review, 63(2): 81.

Müller H J. 2005. Driver workload estimation with Bayesian networks. Saarbrücken: Saarland University.

Murray J H. 1997. Hamlet on the Holodeck: The Future of Narrative in Cyberspace. New York: Free Press.

Nishibori Y, Iwai T. 2006. Tenori-on. Proceedings of the 2006 Conference on New Interfaces for Musical Expression: 172-175.

Norman D A. 1989. Dinge des Alltags. Gutes Design and Psychologie für Gebrauchsgegenstände. Frankfurt/Main: Campus-Verlag.

Norman D A. 1998. The Invisible Computer: Why Good Products Can Fail, the Personal Computer is So Complex, and Information Appliances are the Solution. Massachusetts: MIT Press.

Norman D A. 2013. The Design of Everyday Things: Revised and Expanded Edition. New York: Basic Books.

Norman D A, Bobrow D G. 1975. On data-limited and resource-limited processes. Cognitive Psychology, 7(1): 44-64.

Ogden G D, Levine J M, Eisner E J. 1979. Measurement of workload by secondary tasks. Human Factors: The Journal of the Human Factors and Ergonomics Society, 21(5): 529-548.

Olivier P, Cao H, Gilroy S W, et al. 2007. Crossmodal ambient displays. People and Computers XX: Engage. New York: Springer: 3-16.

Oviatt S, Schuller B, Cohen P R, et al. 2017. The Handbook of Multimodal-Multisensor Interfaces: Foundations, User Modeling, and Common Modality Combinations-Volume 1. Association for Computing Machinery and Morgan & Claypool.

Oviatt S. 2017. Theoretical foundations of multimodal interfaces and systems. The Handbook of Multimodal-Multisensor Interfaces: 19-50.

Ozdenizci B, Ok K, Coskun V, et al. 2011. Development of an indoor navigation system using NFC technology. Proceedings of Information and Computing (ICIC): 11-14.

Park H, Park J I. 2004. Invisible marker tracking for AR. Proceedings of IEEE/ACM ISMAR: 272-273.

Paul H. 1999. Lexikon der Optik: in zwei Bänden. https: //books. google. de/books?id=Yrc WAQAAMAAJ.

Perlin K, Fox D. 1993. Pad: An alternative approach to the computer interface. Proceedings of ACM SIGGRAPH: 57-64.

Piper B, Ratti C, Ishii H. 2002. Illuminating clay: A 3-D tangible interface for landscape analysis. Proceedings of the SIGCHI Conference on Human Factors in Computing Systems: 355-362.

Posti M, Schöning J, Häkkilä J. 2014. Unexpected journeys with the HOBBIT: The design and evaluation of an asocial hiking app. Proceedings of the 2014 Conference on Designing Interactive Systems: 637-646.

Povenmire H K, Roscoe S N. 1973. Incremental transfer effectiveness of a ground-based general aviation trainer. Human Factors: The Journal of the Human Factors and Ergonomics Society, 15(6): 534-542.

Preim B, Dachselt R. 2010. Interaktive Systeme. Heidelberg: Springer.

Razzaque S, Kohn Z, Whitton M C. 2001. Redirected walking. Proceedings of EUROGRAPHICS, 9: 105-106.

Reason J. 1990. Human Error. Cambridge: Cambridge University Press.

Reis H T, Gable S L. 2000. Event-sampling and other methods for studying everyday experience. Handbook of Research Methods in Social and Personality Psychology. Cambridge: Cambridge University Press: 190-222.

Reiterer H. 2014. Blended Interaction - Ein neues Interaktionsparadigma. Informatik-Spektrum. DOI: 10.1007/s00287-014-0821-5. http: //link. springer. com/article/10. 1007/s00287-014-0821-5.

Rogers Y, Sharp H, Preece J. 2011. Interaction Design: Beyond Human-Computer Interaction. Hoboken: John Wiley & Sons.

Schmalstieg D, Fuhrmann A, Hesina G, et al. 2002. The studierstube augmented reality project. Presence: Teleoperators and Virtual Environments, 11(1): 33-54.

Schmalstieg D, Wagner D. 2007. Experiences with handheld augmented reality. Proceedings of IEEE/ACM ISMAR: 3-18.

Schmidt A. 2000. Implicit human computer interaction through context. Personal Technologies, 4(2/3): 191-199.

Schneider H, Frison K, Wagner J, et al. 2016. CrowdUX: A case for using widespread and lightweight tools in the quest for UX. Proceedings of the ACM SIGCHI Conference on Designing Interactive Systems: 415-426.

Scott S D, Carpendale M S T, Inkpen K M. 2004. Territoriality in collaborative tabletop workspaces. Proceedings of ACM CSCW: 294-303.

Scriven M. 1967. The Methodology of Evaluation-Volume 1: Perspec. Skokie: Rand McNally.

Semon R W. 1911. Die Mneme: Als Erhaltendes Prinzip Im Wechsel Des Organischen Geschehens.

Wiesloch: Engelmann.

Shaer O, Hornecker E. 2010. Tangible user interfaces: Past, present, and future directions. Foandations and Trends in Human-Computer Interaction, 3(1/2): 1-137.

Shannon C E, Weaver W. 1949. A Mathematical Theory of Communications. Illinois: University of Illinois Press.

Sheldon K M, Elliot A J, Kim Y, et al. 2001. What is satisfying about satisfying events? Testing 10 candidate psychological needs. Journal of Personality and Social Psychology, 80(2): 325-339.

Shneiderman B, Plaisant C, Cohen M, et al. 2014. Designing The User Interface: Strategies for Effective Human-Computer Interaction. London: Person Education.

Shneiderman B. 1983. Direct manipulation: A step beyond programming languages. IEEE Computer, 16(8): 57-69.

Sommerville I, Kotonya G. 1998. Requirements Engineering: Processes and Techniques. Hoboken: John Wiley & Sons.

Soukoreff R W, MacKenzie I S. 2004. Towards a standard for pointing device evaluation, perspectives on 27 years of Fitts' law research in HCI. International Journal on Human-Computer Studies, 61(6): 751-789.

Spence R. 2007. Information visualization: Design for interaction. http: //books. google. co. uk/books?id=bKQeAQAAIAAJ.

Stephenson N T. 2004. Snow Crash: Roman: übersetzt von Joachim Körber. Munich: Goldmann Verlag.

Storms W, Shockley J, Raquet J. 2010. Magnetic field navigation in an indoor environment. Ubiquitous Positioning Indoor Navigation and Location Based Service (UPINLBS): 1-10.

Streitz N, Nixon P. 2005. The disappearing computer. Communications of the ACM, 48(3): 32-35.

Sweller J, van Merrienboer J J G, Paas F G W C. 1998. Cog\-ni\-ti\-ve architecture and instructional design. Educational Psychology Review, 10(3): 251-296.

Szalavári Z, Gervautz M. 1997. The personal interaction Panel-a two-handed interface for augmented reality. Computer Graphics Forum, 16(3): 335-336.

Tandy V. 2000. Something in the cellar. Journal of the Society for Psychical Research, 64(3): 129-140.

Tennenhouse D. 2000. Proactive computing. Communications of the ACM, 43(5): 43-50.

Thomas F, Johnston O. 1981. The Illusion of Life: Disney Animation. Burbank: Disney Publishing Worldwide.

Thompson E. 2007. Development and validation of an internationally reliable short-form of the positive and negative affect schedule (PANAS). Journal of Cross-Cultural Psychology, 38(2): 227-242.

Tsukada K, Yasumura M. 2004. Activebelt: Belt-type wearable tactile display for directional navigation. Proceedings of UbiComp: 384-399.

Tudor L G, Muller M J, Dayton T, et al. 1993. A participatory design technique for high-level task analysis, critique, and redesign: The CARD method. Proceedings of the Human Factors and Ergonomics Society Annual Meeting, 37(4): 295-299.

Tufte E R. 1992. The Visual Display of Quantitative Information. Nuneaton: Graphics Press.

Vogel D, Baudisch P. 2007. Shift: A technique for operating pen-based interfaces using touch. Proceedings of ACM CHI: 657-666.

Wandmacher J. 1993. Software Ergonomie. Berlin: de Gruyter.

Want R, Hopper A, Falcao V, et al. 1992. The active badge location system. ACM Transactions on Information Systems (TOIS), 10(1): 91-102.

Want R, Schilit B N, Adams N I, et al. 1995. An overview of the PARCTAB ubiquitous computing experiment. Personal Communications, IEEE, 2(6): 28-43.

Wasinger R, Stahl C, Krüger A. 2003. M3I in a pedestrian navigation & exploration system. Proceedings of MobileHCI: 481-485.

Watanabe J, Ando H, Maeda T. 2005. Shoe-shaped interface for inducing a walking cycle. Proceedings of the 2005 International Conference on Augmented Tele-Existence: 30-34.

Weigel M, Lu T, Bailly G, et al. 2015. Iskin: Flexible, stretchable and visually customizable on-body touch sensors for mobile computing. Proceedings of the 33rd Annual ACM Conference on Human Factors in Computing Systems: 2991-3000.

Weir D, Rogers S, Murray-Smith R, et al. 2012. A user-specific machine learning approach for improving touch accuracy on mobile devices. Proceedings of ACM UIST: 465-476.

Weiser M. 1991. The computer for the 21st century. Scientific American, 265(3): 94-104.

Weiser M. 1998. The invisible interface: Increasing the power of the environment through calm technology. Proceedings of the 1st International Workshop on Cooperative Buildings, Integrating Information, Organization, and Architecture: 1.

Weiser M, Brown J S. 1997. The coming age of calm technology. Beyond Calculation: 75-85.

Weizenbaum J. 1966. ELIZA-A computer program for the study of natural language communication between man and machine. Communications of the ACM, 9(1): 36-45.

Wickens C D, Hollands J G. 1999. Engineering Psychology and Human Performance. Upper Saddle River: Prentice Hall.

Wiethoff A, Schneider H, Kuefner J, et al. 2013. Paperbox: A toolkit for exploring tangible interaction on interactive surfaces. Proceedings of the 9th ACM Conference on Creativity and Cognition, 50(11): 64-73.

Wilson A D, Izadi S, Hilliges O, et al. 2008. Bringing physics to the surface. Proceedings of ACM UIST: 67-76.

Wulf C. 1972. Die Methodologie der Evaluation. Evaluation. Beschreibung and Bewertung von Unterricht, Curricula and Schulversuchen-Volume 18. München: R. Piper & Co. Verlag.

Yee K P. 2003. Peephole displays: Pen interaction on spatially aware handheld computers. Proceedings of ACM CHI: 1-8.

索　引

彩　　图

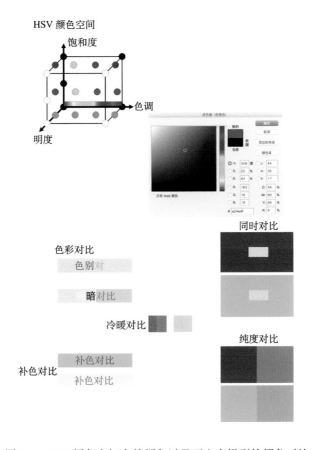

图 2.3　HSV 颜色空间中的颜色以及正文中提到的颜色对比